DE L'ANALYSE CHIMIQUE

DE

L'URINE NORMALE

ET PATHOLOGIQUE

AU POINT DE VUE CLINIQUE

PAR

PAUL YVON

PHARMACIEN DE PREMIÈRE CLASSE

Ex-interne des Hôpitaux
Ex-chef de service de chimie, physique et pharmacie de l'École d'Alfort
Ex-préparateur et lauréat de l'École de pharmacie de Paris
1er prix 1870, médaille d'argent — 1er prix 1871, médaille d'argent — 1er prix 1872, médaille d'or
Membre de la Société d'émulation pour les sciences pharmaceutiques
Prix unique 1873
Membre de la Société chimique de Paris

PARIS

P. ASSELIN, LIBRAIRE DE LA FACULTÉ DE MÉDECINE

PLACE DE L'ÉCOLE-DE-MÉDECINE.

1875

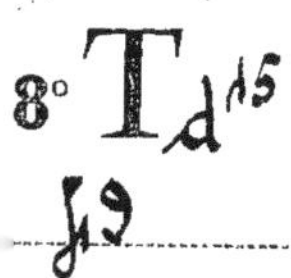

DE L'ANALYSE CHIMIQUE

DE

L'URINE NORMALE

ET PATHOLOGIQUE

AU POINT DE VUE CLINIQUE

PARIS. — IMP. VICTOR GOUPY, RUE GARANCIÈRE, 5.

DE L'ANALYSE CHIMIQUE

DE

L'URINE NORMALE

ET PATHOLOGIQUE

AU POINT DE VUE CLINIQUE

PAR

PAUL YVON

PHARMACIEN DE PREMIÈRE CLASSE

Ex-interne des Hôpitaux
Ex-chef de service de chimie, physique et pharmacie de l'École d'Alfort
Ex-préparateur et lauréat de l'École de pharmacie de Paris
1er prix 1870, médaille d'argent — 1er prix 1871, médaille d'argent — 1er prix 1872, médaille d'or
Membre de la Société d'émulation pour les sciences pharmaceutiques
Prix unique 1873
Membre de la Société chimique de Paris

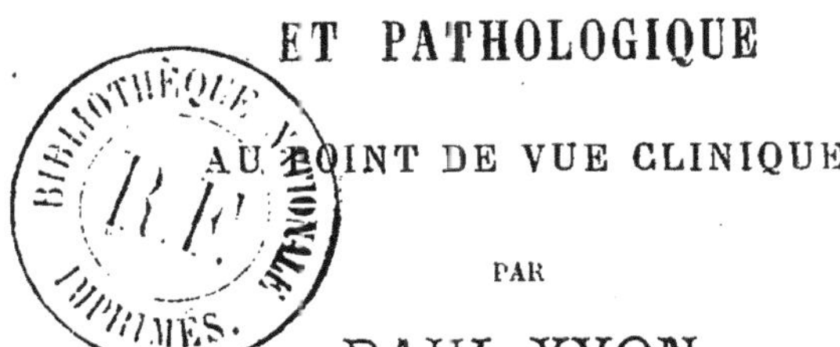

PARIS

P. ASSELIN, LIBRAIRE DE LA FACULTÉ DE MÉDECINE

PLACE DE L'ÉCOLE-DE-MÉDECINE.

—

1875

DE L'ANALYSE CHIMIQUE

DE

L'URINE NORMALE ET PATHOLOGIQUE

AU POINT DE VUE CLINIQUE.

Parmi tous les liquides destinés à être expulsés de l'économie, le plus important, et le plus intéressant à tous les points de vue est certainement l'urine. L'examen de ce liquide, la recherche et le dosage de ses divers principes, constitue pour le médecin un des éléments les plus sûrs et les plus exacts du diagnostic. On peut dire que depuis quelques années une véritable révolu tion s'est opérée sur ce point de l'art médical, et l'examen de l'urine a acquis une importance inconnue jusque-là. C'est cette considération qui m'a engagé à réunir sur ce sujet les quelques notes qui vont suivre.

Je diviserai ce travail en deux parties :

1° Caractères physiques et chimiques de l'urine normale, ses principaux éléments, leurs propriétés et leur dosage ;

2° Urines pathologiques, leurs caractères, recherche et dosage des produits morbides les plus importants.

L'urine est une sécrétion de l'organisme, que les reins séparent du sang et qui est expulsée au-dehors après un séjour plus ou moins long dans un réservoir spécial, la vessie. On retrouve dans ce liquide tous les éléments devenus impropres à la nutrition, et qui doivent être regardés comme des produits de la métamorphose des aliments. En premier lieu nous devons placer l'ensemble de tous les corps azotés, dont le plus important est, sans contredit, l'*urée*; puis la *créatine*, la *créatinine*, la *xanthine*, *allantoïne*, *leucine*, etc.

A côté de ces divers éléments nous retrouvons les matières colorantes naturelles, l'*urochrôme*, l'*indicane*. Dans un autre groupe, l'acide *urique*, *hippurique*; les acides minéraux *carbonique*, *chlorhydrique*, *azotique*, *sulfurique* et *phosphorique*, combinés à des bases telles que la *potasse*, la *soude*, la *chaux*, la *magnésie* et l'*ammoniaque*.

A ces corps nous pouvons ajouter divers éléments qui apparaissent à l'état pathologique : *glucose*, *albumine*, *cholestérine*, matières colorantes de la *bile* et du *sang*, acides *biliaires*, *lactique*, *benzoïque* et enfin divers *gaz* qui se trouvent à l'état de simple dissolution.

La constitution de l'urine, si complexe par elle-même, varie non-seulement d'un sujet à l'autre ; mais encore chez le même suivant l'alimentation. Il est facile de s'en convaincre en observant l'urine des carnivores et des herbivores. Pour bien établir la différence, disons de suite que l'urine d'un mammifère carnivore, de l'homme par exemple, est, à l'état normal *limpide*, *jaunâtre*, contenant une proportion d'*urée* plus ou moins considérable, de l'acide *urique*, et qu'elle offre au sortir de la vessie une réaction *acide*.

Celle d'un herbivore, au contraire, est constamment trouble au moment de l'émission ; *alcaline*, elle renferme bien de l'*urée*, mais en proportion assez faible ; peu ou pas d'*acide urique*; mais de l'*acide hippurique*.

L'influence de l'alimentation sur la composition de l'urine se prouve d'une façon bien simple et par une expérience connue de tous. L'urine d'un *carnivore* est *acide* et *transparente*; l'urine d'un herbivore est au contraire, *alcaline* et *trouble* : faisons jeûner un *herbivore*, il fait l'*autophagie*, devient *carnivore* et son urine sera bientôt *claire* et *acide* : cette expérience est d'une netteté qui ne laisse rien à désirer ; on peut également la réaliser en sens inverse.

CARACTÈRES DE L'URINE DE L'HOMME.

A l'état normal l'urine de l'homme offre beaucoup d'ana-.ogie avec celle des carnivores ; elle présente les caractères physiques suivants.

Au moment de l'émission l'odeur de l'urine est spéciale et difficile à définir, elle s'atténue peu à peu à mesure que ce liquide se refroidit. Quand on conserve assez longtemps l'urine il se développe une odeur ammoniacale ; mais c'est alors un produit d'altération sur lequel nous reviendrons.

L'odeur de l'urine est due, d'après Stäedelèr, à des acides volatils particuliers *phénique, taurylique, damalurique*. L'acide phénique est le mieux connu de ces acides ; ce n'est qu'en opérant sur une grande quantité d'urine qu'on peut en constater la présence.

L'absorption de certaines substances peut modifier profondément l'odeur de l'urine. Qui ne sait en effet que l'absorption de l'essence de térébenthine communique à l'urine une odeur de violette ; le copahu lui donne une odeur spéciale et caractéristique ; certains aliments, les asperges, par exemple, lui en communiquent une très-désagréable.

Dans certains cas morbides, l'urine peut présenter une odeur fétide par suite de la présence du pus ou de certains produits pathologiques.

Au moment de l'émission l'urine constitue un liquide assez fluide ; cependant elle mousse plus ou moins lorsqu'on l'agite dans un vase. Ce caractère auquel on attachait autrefois une assez grande importance, a peu de valeur. Cependant il est quelquefois assez accentué (urine albumineuse). La présence du pus et du mucus communiquent à l'urine une consistance visqueuse.

La couleur de l'urine varie du jaune clair au brun-rouge en présentant toutes les nuances intermédiaires. Pour avoir une idée nette de cette couleur, il faut observer l'urine des vingt-quatre heures. Cette précaution que nous signalons dès maintenant sera toujours de rigueur. C'est le seul moyen rationnel d'examiner la coloration de l'urine ; car ce liquide pris à tel ou tel moment de la journée peut offrir une teinte plus ou moins foncée suivant son état de concentration.

L'urine peut être incolore dans le cas de polyurie ; sa couleur peut passer du jaune au rouge-brique chez les fiévreux ; elle peut varier du rouge clair au rouge sale et noir lorsque le sang vient s'y mêler.

Et peut enfin devenir blanche et comme laiteuse (urine chyleuse).

Lorsque les matières colorantes de la bile passent dans l'urine elle offre un aspect caractéristique (urine ictérique), elle est d'un jaune plus ou moins foncé, tirant sur le vert, et tache fortement le linge.

Enfin dans certains cas, l'urine présente une coloration bleue due à un principe particulier analogue à l'indigo.

La température de l'urine est sensiblement la même que celle du corps, on la détermine en recevant directement l'urine dans un verre contenant un thermomètre et placé dans un vase renfermant de l'eau à 35° environ.

La quantité d'urine émise dans les 24 heures est très-variable ; les causes de cette variation sont nombreuses, elles dépendent de la quantité de liquide ingérée, du plus ou moins d'exercice, etc. La moyenne pour un adulte est d'environ 1,500 grammes pour les vingt-quatre heures ; mais cette quantité peut varier de la moitié au double ; dans certains cas pathologiques elle a pu atteindre un chiffre considérable ; jusqu'à 25 kilogr. par jour (polyurie).

D'autres fois, au contraire, l'urine est pour ainsi dire, **supprimée**, et se réduit à quelques centaines de grammes et même moins. Mais dans tous ces cas la quantité de matériaux solides varie peu dans le même temps.

La détermination de la densité se fait par la méthode du flacon ou au moyen des *aromètres (fig.1)*.

La densité d'une urine normale varie de 1,005 à 1,030 ; mais elle peut s'élever jusqu'à 1,060 et au delà (diabète sucré).

Si l'on veut comparer les poids des résidus solides laissés par l'évaporation de un litre d'urine, on trouve des chiffres variant depuis 1 à 2 gr., jusqu'à 125 gr.; mais à l'état normal, le résidu ne dépasse pas 30 à 40 gr. pour l'urine des vingt-quatre heures. La répartition de ces matériaux solides n'est pas la même à toutes les heures du jour. Tout le monde sait que l'urine du matin est plus chargée que celle du soir ; aussi lorsque l'on veut déterminer la quantité de matériaux solides, il faut de toute nécessité faire la prise d'essai sur l'urine mélangée des vingt-quatre heures.

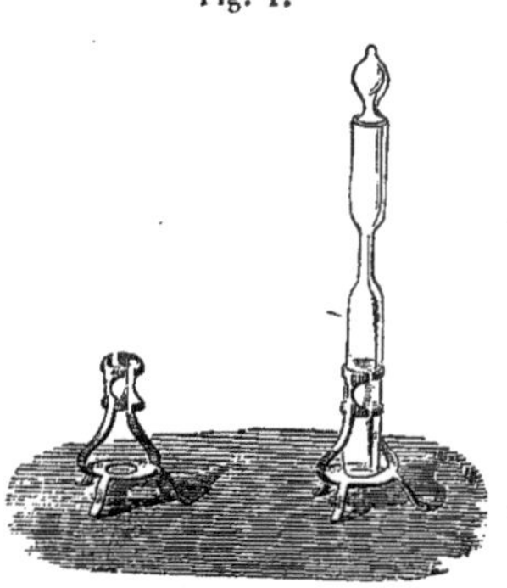

Fig. 1.

Flacon à densité.

Cette détermination, très simple en apparence, présente d'assez grandes difficultés dans la pratique. Voici le moyen recommandé par le docteur Mehu dont on connaît l'expérience et la longue pratique en ce genre d'analyse.

La prise d'essai, variable suivant la richesse présumée de l'urine, est placée dans une capsule en platine tarée d'avance et évaporée dans une

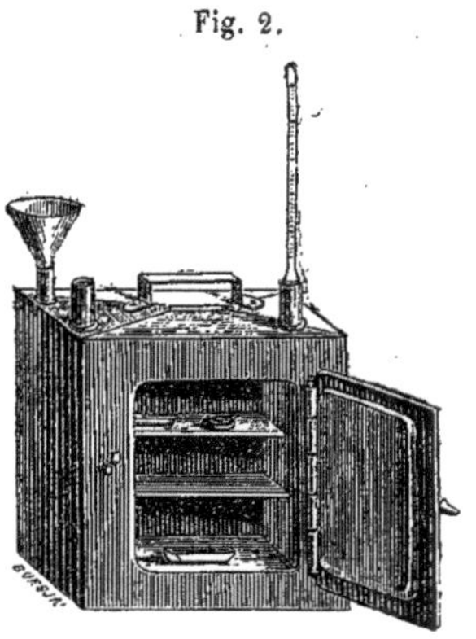

Fig. 2.

Étuve à eau bouillante.

étuve à eau bouillante (*fig.* 2). Le résidu est pesé et ramené au litre par une proportion.

La dessiccation doit être achevée à une température bien déterminée, et l'on ne doit peser qu'après refroidissement sur l'acide sulfurique, le résidu étant très-hygromérique (*fig.* 3). Même en prenant toutes les précautions, il est bien difficile d'éviter la décomposition d'une petite quantité d'urée : le résidu est alors alcalin.

Fig. 3.

Cloche à dessécher sur l'acide sulfurique.

L'urine de l'homme et des carnivores est acide, avons-nous dit : elle rougit le papier bleu de Tournesol, l'urine des herbivores est alcaline : A quelles causes sont donc dues tantôt cette acidité, tantôt cette alcalinité. Si l'on abandonne de l'urine récente dans un vase, on ne tarde pas à observer la formation de légers flocons de mucus ; puis il se dépose un sédiment rouge-brique qui adhère fortement aux parois du vase. Pendant tout ce temps, l'urine reste acide et même son acidité augmente. Cet état peut persister des semaines entières ; puis tout d'un coup l'acidité diminue, disparaît. A ce moment l'urine se dépouille d'une partie de sa couleur, devient plus claire et alcaline. Les cristaux rouges déposés en premier lieu et qui ne sont autre chose que de l'acide urique disparaissent, et font place à d'autres qui sont incolores, prismatiques et que l'analyse chimique fait reconnaître pour être du phosphate ammoniaco-magnésien.

L'ensemble de ces phénomènes est désigné sous le nom de

fermentation acide et alcaline de l'urine, et a été étudié avec beaucoup de soin par Scherer. Il pense que l'on doit regarder le mucus vésical comme le ferment qui détermine ces transformations. L'examen microscopique de l'urine indique en même temps la présence d'une quantité assez considérable de champignons analogues à la levûre de bière.

La fermentation alcaline qui succède à la première est produite par une décomposition de l'urée et sa transformation en carbonate d'ammoniaque.

Là aussi, apparaît un ferment dont le mode d'action vient d'être étudié récemment par M. Musculus.

Il n'y a aucun doute sur la nature du corps qui rend l'urine alcaline dans ces conditions : c'est le carbonate d'ammoniaque ; mais à quel corps faut-il attribuer la réaction acide ?

Est-ce à l'acide urique ? mais une solution même saturée bouillante de ce corps est sans aucune action sur le papier de tournesol. Cette acidité est due à la présence des *phosphates acides*, au moins principalement, car dans beaucoup de cas, ainsi que l'a démontré Lehmann, il peut exister à l'état libre de l'*acide hippurique* ou *lactique*, qui alors contribue à l'acidité de l'urine.

Voici d'après le docteur Mehu l'explication de ce phénomène: si l'on fait bouillir un mélange de *phosphate de soude* et d'*acide urique*, il se dissout une assez grande quantité d'acide urique et par refroidissement il se dépose des cristaux d'*urate acide de soude*, et la liqueur est devenue *acide* au tournesol. L'acide urique a enlevé au phosphate une partie de sa base et il reste en dissolution un *phophate acide*, qui rougit le tournesol. Ainsi d'après cette réaction l'acidité de l'urine serait due à la formation d'un phosphate à réaction *acide* bien plus qu'aux *urates acides*.

Nous avons déjà dit que, dans la plupart des cas, il fallait attribuer à la décomposition de l'urée, l'alcalinité de l'urine ; mais cette explication n'est pas générale, car alors cette décomposition n'a lieu qu'un certain temps après l'émission de l'urine.

Il y a cependant des urines qui sont alcalines ; mais on doit constater ce caractère au sortir même de la vessie.

L'usage de certaines eaux (Vichy, Vals) rend promptement l'urine alcaline. Une alimentation végétale ayant pour base des corps riches en *tartrates, citrates* et autres acides organiques dont l'élimination se fait à l'état de *carbonates*, commence par rendre l'urine *neutre*, puis, si leur usage se prolonge, l'urine devient alcaline. Enfin dans certains cas pathologiques, le plus souvent assez graves, l'urine peut devenir alcaline, non-seulement dans la vessie, mais encore dans le rein lui-même. Une telle urine est trouble au moment de l'émission, dépose des *carbonates* et *phosphates terreux*, et présente le plus souvent une odeur fétide. Lorsqu'au contraire l'urine est devenue alcaline par suite de la décomposition de l'urée, elle contient en plus du phosphate ammoniaco-magnésien.

ÉLÉMENTS NORMAUX DE L'URINE.

De l'urée.

$$C^2H^4Az^2O^2 \begin{cases} \text{Carbone.} \dots \dots \dots & 12 \\ \text{Hydrogène} \dots \dots \dots & 4 \\ \text{Azote.} \dots \dots \dots & 28 \\ \text{Oxygène} \dots \dots \dots & 16 \\ \hline & 60 \end{cases}$$

Synonymie. — Matière extractive, savoneuse, néphrine, oxyde urémique ammoniacal, cyanate anomal d'ammoniaque.

Cette substance, l'une des plus intéressantes de la chimie organique, après avoir été entrevue par Bœrhave et Haller, a été découverte en 1771 par H. A. Rouelle le Jeune. En 1798, Cruiskank l'obtint en cristaux. Mais ce n'est qu'en 1799 que Fourcroy et Vauquelin l'obtinrent à l'état de pureté et constatèrent ses principales propriétés. Il est peu de corps dont les chimistes se soient plus occupés ; aussi son histoire serait-elle très-longue et ne peut trouver une grande place dans un travail fait au point de vue où nous nous plaçons. Nous indiquerons simplement ses principales propriétés et métamorphoses ; du reste après l'excellent travail publié sur ce sujet par M. Marc Boymond en 1872, il reste peu à faire.

Etat naturel. — L'*urée* se rencontre dans l'urine des *mammifères*, des *oiseaux* et des *reptiles* : mais c'est dans l'urine des *carnivores* qu'elle existe en plus grande quantité. Elle se forme directement dans le sang, d'où elle est éliminée par les reins qui jouent à son égard le rôle d'un filtre. Aussi, lorsque pour une cause quelconque ces organes ne fonctionnent pas, la quantité d'urée s'accroît dans le sang et cause par sa présence des accidents qui peuvent devenir très-graves et constituent la maladie qu'on désigne sous le nom d'urémie. Ces accidents peuvent être produits à volonté, par exemple lorsque l'on enlève les reins à un animal. Cette urée est produite aux dépens des matériaux azotés qui parviennent dans le sang, où elle se forme directement. En effet, dans le suc des muscles on n'en retrouve pas ; mais d'autres substances azotées telles que la *créatine*, la *xanthine*, au moyen desquelles on peut produire de l'*urée*. Cette transformation s'effectue dans l'organisme. Il est facile de s'en convaincre en injectant directement dans le sang des substances telles que l'*acide urique*, l'*allantoïne*, la *créatine* ; elles sont transformées en urée car la proportion de ce corps augmente de suite dans l'urine. Cette métamorphose a lieu sous l'influence de l'oxygène et des alcalis du sang.

L'urine n'est pas le seul liquide de l'économie où l'on rencontre de l'urée, on en trouve normalement non-seulement dans le sang, mais dans l'eau de l'amnios, l'humeur aqueuse, l'humeur vitrée, la sueur, la salive, etc. M. Wurtz l'a rencontrée dans le chyle, la lymphe ; on en trouve aussi dans les vomissements

Jusqu'ici on n'a pas trouvé l'urée à l'état normal dans les muscles de l'homme et des animaux supérieurs, MM. Staedler et Frenchs en ont découvert dans la chair musculaire d'un grand nombre de poissons cartilagineux.

Si l'on injecte de l'urée dans le sang : elle n'est pas décomposée comme l'était par exemple la créatine ; mais elle est éliminée rapidement par les reins et on la retrouve dans l'urine. On doit donc conclure de tous ces faits que l'urée est le produit ultime et parfait de la combustion des matériaux azotés. Par la plus ou moins grande quantité de ce produit, de ce résidu, on pourra donc juger de l'activité de la vie organique pendant les vingt-quatre heures. Cette simple notion nous montre de suite combien est grande l'importance de ce corps, et utile l'étude de son dosage.

CHIMIE.

L'analyse élémentaire de l'urée faite par un très-grand nombre de chimistes a permis de fixer sa formule de la façon suivante :

$$C^2 \ H^4 \ Az^2 \ o^2$$

L'urée cristallise facilement : ses cristaux sont incolores, possèdent une saveur fraîche et piquante, rappelant un peu celle du salpêtre. Ils se présentent sous forme d'aiguilles soyeuses ou de longs prismes à quatre pans aplatis, suivant le degré de concentration de la liqueur où ils se sont formés. Les cristaux sont anhydres et légèrement hygrométriques ; en effet, l'urée cristallisée perd toujours de son poids par son séjour dans le vide et sur l'acide sulfurique.

L'urée est très-soluble dans l'eau et dans l'alcool.

Elle se dissout dans son poids d'eau à 15 en produisant un léger abaissement de température. Elle exige pour se dissoudre cinq parties d'alcool froid et une partie d'alcool bouillant. Par évaporation de sa solution dans l'alcool faible, elle se dépose quelquefois en prismes à base carrée. Elle est trèspeu soluble dans l'éther, ses solutions sont sans action sur le papier de tournesol.

La densité de l'urée est de 1,35.

Action de la chaleur. — Chauffée modérément, l'urée fond vers 120 ; puis se décompose vers 150, dégageant de l'ammoniaque ; redevient ensuite solide, brunit, s'enflamme et brûle en laissant un résidu de charbon.

Par une action ménagée de la chaleur on obtient d'abord du *biuret* ou bicyanate d'ammoniaque $C^4H^5Az^5O^4$, puis de l'ammélide $C^6H^4Az^4O^4$: en continuant l'action de la chaleur on produit de l'acide cyanurique $C^6H^5Az^5O^6$, et enfin une modification isomérique, de l'acide cyanique.

Action de l'eau. — Si nous examinons la formule de l'urée $C^2H^4Az^2O^2$, il est facile de voir qu'en y ajoutant les éléments de l'eau H^2O^2, on reproduit un corps de la chimie minérale, le carbonate d'ammoniaque.

$$C^2H^4Az^2O^2 + 2H^2O^2 = 2(AzH^3, HO, CO^2).$$

Cette réaction s'effectue facilement.

Ainsi une dissolution d'urée, abandonnée au contact de l'air, se transforme peu à peu et au bout d'un certain temps il n'y a plus que du carbonate d'ammoniaque.

Cette transformation a lieu spontanément dans l'urine sous l'influence d'un ferment spécial.

Si nous favorisons la fixation de l'eau par la chaleur la transformation est beaucoup plus rapide ; il suffit, comme l'a indiqué Bunzen, de chauffer en tube scellé à 140 degrés une dissolution d'urée pour la transformer entièrement en carbonate d'ammoniaque. Cette action de l'eau est encore exaltée par les acides ou les alcalis puissants ; et il se produit alors une réaction secondaire.

En présence d'un acide, le carbonate d'ammoniaque est décomposé, il se fait le sel correspondant à l'acide, et le gaz carbonique est mis en liberté.

$$C^2H^4Az^2O^2 + 2SO^3, HO + 2HO = 2(AzH^3HOSO^3) + 2CO^2.$$

Avec les alcalis c'est au contraire l'ammoniaque qui se dégage ;

$$C^2H^4Az^2O^2 + 2KO, HO = 2(KOCO^2) + AzH^3.$$

Ces réactions montrent que l'on doit considérer l'urée comme un amide, c'est-à-dire un sel ammoniacal privé de deux équivalents d'eau.

Action du chlore gazeux. — Si l'on dirige un courant de chlore sur de l'urée fondue, elle se transforme en acide cyanique, en même temps qu'il se forme de l'acide chlorhydrique, du chlorhydrate d'ammoniaque et de l'azote (Wurtz).

$$3\,C^2H^4Az^2O^2 + 6Cl = C^6Az^3H^3O^6 + 5HCl + AzH^4Cl + Az.$$

Mais si l'on fait agir une solution d'urée, le chlore en solution ou un hypochlorite ; la décomposition est toute autre, l'urée se décompose en acide carbonique et azote,

$$C^2H^4Az^2O^2 + 2HO + 6Cl = 6ClH + 2CO^2 + 2Az.$$

Il se dégage volumes égaux d'acide carbonique et d'azote. La réaction est la même avec un hypochlorite, seulement au lieu d'acide chlorhydrique, il se forme le chlorure correspondant (H. Davy).

L'acide azoteux, ou l'acide azotique chargé de vapeurs nitreuses opère la même décomposition, mais d'une façon plus rapide

$$C^2H^4Az^2O^2 + 2AzO^3 = 2CO^2 + 2H^2O^2 + 4Az.$$

en opérant avec l'acide azotique nitreux.

$$C^2H^4Az^2O^2 + AzO^3, HO^2 + AzO^3 = AzH^4OAzO^3 + HO + 2CO^2 + 2Az$$

Millon a indiqué le premier cette réaction.

Combinaisons de l'urée avec les acides. — Les acides forts décomposent l'urée ainsi que nous l'avons vu ; il n'en est plus ainsi lorsque l'on fait agir un acide moins concentré : il y a combinaison.

Cette combinaison s'obtient facilement avec l'*acide azotique* et *oxalique*.

Lorsque l'on verse de l'acide azotique dans une solution d'urée, même assez étendue, il se forme immédiatement un précipité cristallin d'azotate d'urée ; $C^2 H^4 Az^2 O^2, Az^2 O^5, HO$. Si la solution d'urée est concentrée elle se prend en masse ; ces cristaux présentent au microscope un aspect caractéristique, ils apparaissent sous forme d'écailles, de lames et quelquefois en prismes. Ils se décomposent vers 140 degrés en dégageant de l'acide carbonique et du protoxyde d'azote. M. Mehu a tiré un heureux parti de cette propriété pour l'incinération des substances organiques afin d'obtenir des cendres blanches. L'azote d'urée décompose les carbonates ; l'acide carbonique est mis en liberté et l'urée se dégage.

Ce sel est excessivement peu soluble dans l'eau surtout dans l'eau alcoolisée ou aiguisée d'acide azotique.

L'acide oxalique se comporte d'une façon identique avec l'urée ; on obtient de l'oxalate d'urée $C^2 H^4 Az^2 O^4, C^4 H^2 O^8$.

Ce sel est moins soluble dans l'eau que l'azotate et moins encore dans l'eau chargée d'acide oxalique. On peut le dessécher à 100 degrés sans qu'il subisse d'altération ; mais à partir de 150 degrés il se décompose en dégageant de l'acide carbonique, de l'oxyde de carbone, de l'acide cyanhydrique, fomique, oxalate d'ammoniaque et urée. (G. Bouchardat.)

L'acide phosphorique s'unit directement avec l'urée et donne un phosphate soluble ; ce sel a été préparé et étudié par Lehmann, qui l'a trouvé dans l'urine de porc.

Le chlorhydrate d'urée $C^2 H^4 Az^2 O^2, Hcl$ prend naissance lors de l'action du gaz chlorhydrique sur l'urée, en poudre maintenue à une douce chaleur.

L'acide sulfurique ne se combine pas directement avec l'urée; on opère par double décomposition en chauffant un mélange d'oxalate d'urée et de sulfate de chaux.

Jusqu'ici, on n'a pu réussir à combiner l'urée avec les acides *urique, hippurique* et *lactique.*

J'ai pour ma part vainement essayé cette combinaison dans les conditions suivantes :

La comparaison des formules de l'urée, $C^2 H^4 Az^2 O^2$
— de l'acide lactique, $C^6 H^6 O^6$
— de la glycocolle, $C^4 H^5 Az O^4$

et d'autre part, l'existence de ce fait que l'on n'avait pu obtenir du lactate d'urée, m'avait fait espérer une synthèse de la glycocolle.

En effet, l'addition de 1 éq. d'urée $= C^2 H^4 Az^2 O^2$
à un équivalent d'acide lactique $= C^6 H^6 O^6$

donne 2 éq. de glycocolle. . . . $2(C^4 H^5 Az O^4)$

J'ai inutilement tenté cette réaction en chauffant en tubes scellés à 125 degrés.

On sait que l'acide *hippurique* (que l'on peut transformer en urée) se dédouble en *glycocolle* et acide *benzoïque,* par l'ébullition en présence de l'acide chlorhydrique (Dessaignes).

L'urée, ainsi que nous l'avons déjà dit n'est autre chose que du cyanate d'ammoniaque : la combinaison de l'urée avec les acides, que l'on désigne sous le nom d'azotate, de sulfate d'urée ne pourrait-elle pas être considérée comme de l'*azotocyanate,* du *sulfocyanate d'ammoniaque* et par suite ne pourrait-on isoler cet acide?

J'ai tenté l'essai en passant par l'intermédiaire des sels de plomb et n'ai encore obtenu aucun résultat.

L'urée se combine également avec les oxydes métalliques; les mieux connues de ces combinaisons sont celles à base d'argent et de mercure. Ces dernières sont au nombre de trois et ont été étudiées par Liebig et Werther:

Lorsqu'on ajoute de l'oxyde de mercure à une solution bouillante d'urée il se dépose par refroidissement et au bout d'un certain temps des croûtes brillantes formées par la combinaison de 2 éq. d'oxyde de mercure pour 1 éq. d'urée

$$C^2H^4Az^2O^2, 2HgO.$$

En mélangeant une solution d'urée rendue alcaline par la potasse caustique avec une solution de bichlorure de mercure on obtient un précipité gélatineux qui par lavage se transforme en une poudre grenue d'un jaune clair

$$C^2H^4Az^2O^2, 3HgO.$$

Ce composé est détonnant.

Si dans l'expérience précédente on remplace le bichlorure par l'azotate, on obtient un précipité blanc devenant grenu dans l'eau bouillante et répondant à la formule

$$C^2H^4Az^2O^2, 4HgO.$$

L'oxyde d'argent précipité se combine avec l'urée, surtout à l'aide de la chaleur et se convertit en une poudre grise

$$C^2H^4Az^2O^2, 3AgO.$$

L'urée peut encore se combiner avec les sels : les combinaisons avec les azotates sont surtout faciles à obtenir.

Une des combinaisons les plus importantes à connaître est celle formée avec le chlorure de sodium; l'existence de ce composé est en effet une cause d'erreur pour le procédé de dosage de l'urée indiqué par Liebig. On peut l'obtenir en évaporant une solution saturée à froid d'équivalents égaux de sel marin et d'urée. Il se dépose des prismes rhumboïdaux obliques, très-solubles dans l'eau, fusibles entre 60 et 70 degrés et répondant à la formule

$$C^2H^4Az^2O^2, Nacl. + 2HO.$$

Citons encore le chlorhydrate d'ammoniaque et d'urée que Fourcroy et Vauquelin avaient obtenu en traitant l'extrait d'urine par l'alcool chaud. Ces chimistes constatèrent que ce corps contenait de l'ammoniaque et de l'acide chlorhydrique.

En évaporant de grandes quantités d'urine pour obtenir de la *créatine*, M. Dessaignes a pu préparer une certaine quantité de ces cristaux et fixer leur composition. En effet, depuis la découverte de Fourcroy et de Vauquelin, plusieurs chimistes, Werther, entre autres, n'avaient pu obtenir cette combinaison.

Lorsque l'on concentre à l'ébullition de grandes quantités d'urine, une partie de l'urée se décompose et fournit de l'ammoniaque. Par refroidissement cette urine concentrée se remplit de lames cristallines, que l'on purifie en les abandonnant dans un entonnoir à l'air humide, car elles sont déliquescentes.

Pour obtenir directement cette combinaison, il faut dissoudre dans l'eau, 2 équivalents d'urée et 1 de sel ammoniac. M. Dessaignes conseille d'évaporer simplement une solution d'urée fortement chargée d'acide chlorhydrique.

On connaît une combinaison de chlorure de mercure et d'urée

$$C^2H^4Az^2O^2, 2HgCl.$$

Les azotates se combinent très-facilement avec l'urée; on obtient le composé de soude et d'urée $C^2H^4Az^2O^2$, Na O, $Azo^5 + 2$ aq. en mélangeant des solutions bouillantes de ces deux sels.

Citons l'azotate de chaux et d'urée $C^2H^4Az^2O^2$, Ca O Azo^5
— de magnésie et d'urée $C^2H^4Az^2O^2$, Mg O Azo^5

L'azote d'argent forme avec l'urée deux combinaisons; la première contient équivalents égaux d'oxyde d'argent et d'urée et s'obtient par le mélange des solutions concentrées

$$C^2H^4Az^2O^2, Ag O Az O^5$$

la seconde renferme 2 éq. de sel d'argent

$$C^2H^4Az^2O^2, 2Ag O Az O^5$$

Terminons en indiquant les azotates de mercure et d'urée obtenus par Liebig et qui servent de base à son procédé de dosage. On obtient trois composés différents, suivant la quantité de sel mercuriel ajoutée et la température :

$$C^2 H^4 Az^2 O^2, Az O^5 H O + 2HgO$$
$$+ 3HgO$$
$$+ 4HgO$$

Caractères de l'urée. — Pour caractériser l'urée on se sert de sa forme cristalline ou de celle de son azotate ; cet examen se fait très-bien au microscope. On peut la précipiter par l'acide azotique, oxalique, l'azotate de mercure ; enfin elle est nettement caractérisée par sa décomposition en acide carbonique et azote sous l'influence des hypochlorites alcalins, du chlore, de l'acide azoteux.

Il nous reste à examiner une question très-intéressante : l'urée existe-t-elle toute formée dans l'urine ?

Persoz prétend qu'elle ne préexiste pas et il s'appuie sur ce fait qu'en congelant de l'urine par un mélange réfrigérant, il reste une partie liquide dans laquelle l'addition de l'acide azotique ne détermine aucun précipité cristallin, tandis que ce précipité a lieu si l'on chauffe cette même liqueur pendant un certain temps.

Vers 1839, MM. Cap et O. Henry prétendirent que l'urée existait dans l'urine à l'état de lactate, ils se fondaient sur ce fait que le précipité formé par l'alcool dans l'urine concentrée, traité par l'hydrate de zinc en présence de l'alcool bouillant, donne du lactate de zinc et de l'urée soluble dans l'alcool. D'autre part ces chimistes auraient encore retrouvé l'acide lactique en saturant par du carbonate de chaux l'urine évaporée en consistance de sirop et en transformant en lactate de zinc le sel obtenu.

Liebig n'a jamais pu, par aucun moyen, retirer de l'acide lactique de l'urine, et a démontré que l'urée ne se combine pas avec cet acide. Si en effet on décompose le lactate de chaux par l'oxalate d'urée, on obtient bien de l'oxalate de chaux ; mais il reste de l'urée qui se dépose en présence de l'acide lactique.

Dans un travail sur ce sujet, M. Morin a voulu montrer que l'urée n'existait pas à l'état de liberté dans l'urine ; que ce liquide contenait un radical particulier, l'uril, lequel sous certaines influences (acide nitrique) pouvait donner de l'urée.

Mais les travaux plus récents de M. Lecanu et de M. Pelouze ont montré que ces interprétations étaient fausses, que l'urée préexiste dans l'urine et qu'on peut l'en extraire directement soit par l'alcool, soit par l'évaporation dans le vide.

EXTRACTION ET PRÉPARATION DE L'URÉE.

Pour retirer l'urée de l'urine on peut suivre un assez grand nombre de procédés, le plus simple est celui indiqué par Fourcroy et Vauquelin ; mais le produit ainsi obtenu n'est pas très-pur. Il consiste à évaporer l'urine en consistance sirupeuse et à traiter par l'alcool concentré. Dans ces conditions la cristallisation de l'urée est assez difficile et elle est toujours accompagnée des autres corps solubles dans l'alcool.

On peut modifier ce procédé d'une manière avantageuse en évaporant la dissolution alcoolique, reprenant par l'eau et l'acide azotique de façon à précipiter l'urée à l'état d'azotate. Ce sel est recueilli, lavé à l'eau, puis décomposé par l'ébullition avec le bi-carbonate de potasse, le carbonate de baryte ou de plomb. Il ne reste plus qu'à évaporer le mélange, le dessécher, puis traiter par l'alcool absolu qui dissout seulement l'urée.

Les reproches que l'on peut encore adresser à ce procédé sont les suivants : l'azotate d'urée n'est pas entièrement insoluble et il y a des pertes. En outre l'acide azotique forme avec les chlorures qui existent normalement dans l'urine de l'eau régale qui décompose une partie de l'urée, et cet inconvénient n'est pas entièrement évité malgré la précaution d'opérer sur l'extrait d'urine repris par l'alcool.

O. Henry a vainement tenté d'extraire l'urée au moyen de

l'acide oxalique ou tartrique, il s'est arrêté au procédé suivant.
Il commence par traiter l'urine par un léger excès de sous-acétate de plomb qui enlève une grande partie des matières animales et les acides avec lesquels il forme des sels insolubles. L'excès de plomb est ensuite éliminé par l'acide sulfurique, qui décompose en même temps les acétates alcalins et terreux qui ont pu se former : on concentre en consistance de sirop clair et on passe pour séparer le dépôt formé. Par refroidissement il se dépose de l'urée et des sels. L'urée est ensuite séparée par l'alcool.

Dans ces divers procédés on a soin de traiter la dernière dissolution d'urée par le charbon animal afin de la décolorer.

Le procédé qui donne les meilleurs résultats, est celui indiqué par le Dr Mehu dans sa *Chimie médicale*.

On ajoute à l'urine la moitié de son volume d'eau de baryte qui précipite les phosphates et les sulfates ; on filtre et on évapore à siccité au bain-marie. On reprend le résidu par l'alcool absolu qui abandonnera l'urée par évaporation.

Malgré la précaution prise d'évaporer l'urine au bain-marie, une partie de l'urée se décompose toujours comme il est facile de s'en convaincre à l'effervescence produite, lorsque l'on traite le résidu par un acide. Il faudrait effectuer cette évaporation dans le vide.

Ce procédé peut être modifié de la façon suivante. On élimine le plomb par un courant d'hydrogène sulfuré et on laisse déposer jusqu'à ce que le liquide surnageant soit éclairci. On décante et on concentre en consistance de sirop. On ajoute alors l'acide azotique en excès jusqu'à cessation de précipité, en même temps il se dégage de l'acide acétique. On dessèche sur des briques le nitrate d'urée ainsi obtenu et on le décompose comme il a été dit plus haut.

Nous passerons sous silence quelques autres procédés qui ne donnent pas de résultats plus satisfaisants que ceux que nous venons d'indiquer.

Production artificielle de l'urée.

La formation artificielle de l'urée nous offre le premier exemple de la synthèse d'un corps organique. C'est à Voehler que revient l'honneur de cette synthèse.

L'urée présente en effet la même formule que le cyanate d'ammoniaque, et la transformation de ce dernier sel en urée. s'effectue par une simple élévation de température. Au début, M. Voehler l'a obtenu en unissant directement l'acide cyanique à l'ammoniaque.

$$HO, C^2AzO + AzH^5 = AzH^3, HO, C^2AzO$$

Ce dernier sel, par un groupement moléculaire différent, se transforme en urée.

$$AzH^5, HO, C^2AzO = C^2H^4Az^2O^2.$$

Cette transformation s'effectue lentement à la température ordinaire, la dissolution de cyanate d'ammoniaque abandonnée à elle-même, dépose au bout de quelques jours un corps cristallin qui est l'urée. En portant à l'ébullition, la transformation est immédiate.

On applique à chaque instant ce procédé pour la préparation artificielle de l'urée, mais on prépare le cyanate d'ammoniaque d'une autre façon.

On connaît aujourd'hui un très-grand nombre de modes de production de l'urée.

Ainsi l'acide urique bouilli avec du peroxyde de plomb donne de l'acide carbonique, de l'allantoïne, de l'acide oxalique et de l'urée.

La créatine, la guanine, l'allantoïne et d'autres corps, peuvent aussi être transformés en urée.

Nathansen l'a obtenue en chauffant l'éther carbonique avec un excès d'ammoniaque.

Pour préparer l'urée en grande quantité et comme produit de laboratoire, on suit le procédé de Voehler ; mais modifié dans

ce sens que l'on ne prépare pas directement le cyanate d'ammoniaque. Cette modification est due à Liebig.

On commence par préparer du cyanate de potasse au moyen
du ferrocyanure de potassium et du bioxyde de manganèse,
puis on le transforme en cyanate d'ammoniaque par double décomposition au moyen du sulfate d'ammoniaque.

Liebig indique : Ferrocyanure de potassium, 28 parties.
—   Peroxyde de manganèse,   14   —

On fait un mélange intime des deux substances desséchées et
pulvérisées, puis on chauffe sur une plaque de fer jusqu'à ce
que la combustion se fasse.

$$4\,(K^2 Fe\, Cy^3) + 57\, Mn\, O^2 = 2\, Fe^2 O^3 + 19\, Mn^3 O^4 + 8\, KO\, Cy\, O +$$
$$+ 8\, CO^2 + 4\, Az$$

On laisse refroidir et on lessive à l'eau froide. On obtient
ainsi une solution de cyanate de potasse qui est additionnée de
20 parties 1/2 de sulfate d'ammoniaque.

$$KO\, Cy\, O + Az\, H^4 O\, SO^3 = KO\, SO^3 + Az\, H^4 O\, Cy\, O$$

La solution est évaporée à siccité, et le résidu traité par l'alcool lequel dissout le cyanate d'ammoniaque qui s'est transformé en urée pendant l'évaporation.

$$Az\, H^3, HO, C^2 Az\, O = C^2 H^4 Az^2 O^2$$

Cette préparation demande quelques précautions : tantôt le
résidu de l'évaporation est coloré en jaune par un excès de
ferrocyanure, tantôt en bleu par du bleu de Prusse qui s'est
formé.

Pour bien réussir il faut commmencer par dessécher séparément le ferrocyanure de potassium et le pulvériser aussi fine-
ment que possible.

Le mélange est ensuite effectué, puis placé sur une plaque de
tôle que l'on chauffe graduellement ; la combustion doit se faire
lentement comme celle de l'amadou. Après refroidisssement on
pulvérise de nouveau et l'on traite par la plus petite quantité

d'eau possible de façon à obtenir une solution saturée que l'on conserve à part. On continue d'épuiser avec de nouvelles quantités d'eau, puis l'on concentre ces dernières liqueurs et on les réunit ensuite à la première. On y fait dissoudre alors le sulfate d'ammoniaque, on sépare le dépôt formé et les concentre jusqu'à siccité. On traite alors tous les dépôts réunis par l'alcool ; l'urée seule se dissout et s'obtient cristallisée par évaporation de son dissolvant. Malgré ces précautions le rendement est bien inférieur à celui indiqué par la théorie.

Ce procédé a subi diverses modifications proposées par Haenle, Clemm et Carey Lea, et en se plaçant dans les conditions indiquées par ces auteurs on obtient un rendement plus considérable.

Production directe de l'urée par l'oxydation des matériaux azotés.

M. Béchamp annonça le premier la possibilité d'une pareille transformation. Ces résultats ont suscité de nombreuses critiques et de nouvelles expérimentations. Un certain nombre de chimistes n'ont pu réussir en suivant exactement le procédé indiqué par M. Béchamp. M. Dumas, longtemps avant, avait en vain tenté d'oxyder l'albumine par tous les moyens possibles. Mais dernièrement M. Ritter a indiqué les circonstances dans lesquelles la transformation réussit toujours, du moins à ce que l'auteur prétend.

M. Béchamp traite 10 gr. de matière albuminoïde par 60 gr. de permanganèse de potasse dissous dans 300 cent. cubes d'eau distillée ; on chauffe au bain-marie et après décoloration on jette sur un filtre. Le liquide qui s'écoule est précipité par l'acétate basique de plomb ; et ce précipité lavé est décomposé par un courant d'hydrogène sulfuré. On filtre de nouveau pour séparer le sulfure de plomb et l'on précipite par l'azotate de bioxyde de mercure et l'eau de baryte jusqu'à formation d'un précipité jaune persistant. Ce précipité est lavé et décomposé de nouveau par l'hydrogène sulfuré : on filtre, et le liquide évaporé donne un résidu qui est épuisé par l'alcool concentré ; cet alcool abandonne par l'évaporation de l'urée.

Staedeler, Neukomm n'ont pas obtenu de l'urée en répétant ces expériences ; mais du benzoate de potasse qui, lui aussi, est soluble dans l'alcool et donne un précipité par l'acide azotique.

Plus récemment, M. Ritter dit avoir réussi en opérant sur le gluten ; il faut pour cela modérer la réaction dès le commencement et empêcher que la température ne s'élève ; puis au bout d'une demi-heure on peut alors chauffer sans crainte au bain-marie. Depuis le travail de M. Ritter, plusieurs chimistes ont en vain répété ses expériences, et n'ont jamais pu obtenir traces d'urée. La question serait donc encore loin d'être résolue, si le beau travail de M. Schutzenberger n'était venu jeter du jour sur ce sujet. (Voir à ce sujet *Bull. Soc. chim.*, t. XXIII. n°s 4, 5, 6.)

J'ai tenté pour ma part cette transformation au moyen du péroxyde de fer et du gluten , en opérant en solution alcaline de façon à me placer dans les conditions où cette transformation peut s'effectuer dans l'économie : une seule fois j'ai obtenu un produit cristallisable, décomposable à froid par l'hypobromite de soude en acide carbonique et azote ; je n'ai pu obtenir assez de ce produit pour le soumettre à un autre mode d'analyse. J'ai recommencé plusieurs fois, mais en vain, cet essai.

Recherche de l'urée. — Lorsqu'il s'agit de l'urine, il suffit d'employer un des procédés que nous avons indiqués en parlant de l'extraction de l'urée. Cette opération ne présente aucune difficulté lorsqu'on opère sur une quantité d'urine assez considérable ; mais si l'on n'a pour cette recherche que quelques centimètres cubes à sa disposition, on évapore au bain-marie ou mieux à froid en présence de l'acide sulfurique. On traite le résidu par de faibles quantités d'alcool concentré que l'on renouvelle tant qu'il se dissout quelque chose. Cet alcool est évaporé et le résidu repris par une ou deux gouttes d'eau distillée dans laquelle on ajoute une goutté d'acide azotique ou d'une solution saturée d'acide oxalique. Il se forme immédiatement des cristaux du sel correspondant d'urée que l'on examine au microscope. Si l'urine est albumineuse, on y verse de l'acide acétique, puis on porte à l'ébullition pour séparer l'albumine et l'on procède ensuite à la recherche de l'urée.

Si l'on opère sur une urine sucrée, on la fait évaporer à siccité ; on reprend le résidu par l'éther alcoolisé ; on évapore de nouveau, on dissout par l'eau dans laquelle on ajoute finalement l'acide azotique.

Après l'urine, le sang est celui de tous les liquides qui contient le plus d'urée à l'état physiologique. Les premières expériences sur ce sujet furent faites en 1833 par MM. Prévost et Dumas. Ils opérèrent la recherche de l'urée en desséchant le sérum et le caillot, et traitant à plusieurs reprises le résidu par l'eau bouillante. Le produit de l'évaporation fut ensuite traité par l'alcool, additionné d'acide azotique, il donna des cristaux d'azotate d'urée.

M. Claude Bernard préfère coaguler le sang par l'alcool ; le coagulum est exprimé dans un linge ; on filtre et on évapore la solution, le résidu repris de nouveau par l'alcool et par l'eau donne une solution dans laquelle on recherche l'urée. Cette méthode, de beaucoup préférable à la précédente, a été modifiée successivement par les divers physiologistes qui ont eu occasion de l'employer. (Hervieux, Picard, Hoppe-Seyler, Grehant.)

M. Picard a indiqué également de précipiter l'urée par le nitrate de mercure après avoir fait un extrait alcoolique du sang. On peut enfin employer un mélange d'alcool et d'éther, et après coagulation on traite par l'eau de baryte qui précipite les phosphates. L'excès de baryte est éliminé par un courant d'acide carbonique et dans la liqueur concentrée on recherche l'urée par l'acide azotique ou l'acide oxalique.

DOSAGE DE L'URÉE.

Les procédés de dosage de l'urée connus jusqu'à ce jour peuvent se diviser en 4 groupes :

1° Dosage à l'état d'urée pure ou de sel ;
2° Dosage par la formation d'un sel ammoniacal ;
3° Dosage par la décomposition de l'urée en ses éléments ;
4° Dosage par précipitation ;

Le dosage direct de l'urée a été indiqué à propos de la recherche de cette substance dans l'urine ; on opère sur un volume déterminé de liquide et on fait ensuite la proportion.

Ce mode d'opérer présente peu d'exactitude. Aussi M. Lecanu a-t-il proposé de peser l'urée à l'état d'azotate. Il recommande d'évaporer l'urine à 1/10, et l'étend pendant qu'elle est encore chaude de 3 fois son volume d'alcool. On laisse ensuite refroidir, on jette sur un filtre et l'urée passe en dissolution, on évapore au bain-marie pour chasser tout l'alcool et quand il ne reste plus que quelques centimètres cubes de liquide, on y ajoute peu à peu et avec précaution un volume égal d'acide azotique : la bouillie cristalline est égouttée et pressée sur un petit linge ; puis on pèse après dessiccation. Le nitrate renferme 53,07 pour 100 d'urée. Ce procédé présente assez peu d'exactitude, car l'azotate d'urée est loin d'être entièrement insoluble et d'autre part n'a pas une composition très-fixe. Ainsi M. Regnault indique 48,93 et M. Lecanu 53, 5 °/₀ d'urée. Enfin, pendant la concentration de l'urine, il se détruit toujours un peu d'urée, et il s'en décompose encore lorsqu'on ajoute l'acide nitrique par suite de la formation d'eau régale provenant de l'action de cet acide sur les chlorures.

Berzelius indique de peser l'urée à l'état d'oxalate. L'urine est évaporée à siccité et le résidu épuisé par l'alcool absolu. On distille pour retirer l'alcool et on reprend ensuite par l'eau en présence du noir animal. On filtre, on concentre, puis on sature d'acide oxalique à une température d'environ 60 degrés. Par refroidissement il se dépose de l'oxalate d'urée qui contient 57,18 p. 100 d'urée.

On peut employer ce procédé pour l'extraction de l'urée de l'urine, en décomposant par le carbonate de chaux l'oxalate obtenu.

Décomposition de l'urée en sel ammoniacal. — Heintz a décrit un procédé de dosage de l'urée basé sur la décomposition de ce corps par l'acide sulfurique concentré en ammoniaque et acide carbonique. L'ammoniaque produite est dosée à l'état de sel de platine. Comme l'urine contient des sels ammoniacaux, il faut faire deux essais. Le premier est fait sur l'urine pure ; le second sur l'urine dont l'urée est transformée en ammoniaque, et on fait la différence.

Ce procédé est très-long et sujet à de nombreuses causes d'erreur. Les autres composés azotés qui accompagnent l'urée fournissent également de l'azote ; la précaution que l'on prend d'éliminer avant l'acide urique ne rectifie pas les résultats. D'autre part la décomposition de l'urée n'est pas complète, M. Boymond a pu s'en assurer en opérant sur des solutions titrées d'urée.

M. Poggiale a modifié ce procédé en substituant au dosage de l'ammoniaque à l'état de sel de platine, la décomposition du sel ammoniacal par un alcali, et reçoit l'ammoniaque dégagée dans une liqueur acide titrée. Cette modification ne change en rien l'inexactitude du procédé.

M. Bunzen a indiqué un mode de dosage plus exact basé sur la décomposition de l'urée en carbonate d'ammoniaque lorsqu'on chauffe sa dissolution en tubes scellés. Cette réaction a déjà été indiquée. Pour connaître directement et sans perte la quantité de carbonate produit on mélange à un volume donné d'urine, une solution de chlorure de baryum contenant de l'ammoniaque. On chauffe en tube scellé et, du poids du carbonate de baryte produit, on déduit la quantité d'urée.

Il faut auparavant séparer par filtration le premier précipité qui se forme par l'addition du chlorure de baryum et qui est causé par les acides existant dans l'urine. Bunzen donne une formule dont on peut éviter l'emploi en opérant comme je viens d'indiquer.

Ce procédé est bien plus exact que le précédent. Il n'y a que la présence de la créatine qui puisse fausser les résultats, et encore cette cause d'erreur est en partie compensée par la faible solubilité du carbonate de baryte dans l'eau.

M. G. Bouchardat remplace le chlorure de baryum par une solution titrée de potasse et détermine la quantité de carbonate produit par l'augmentation du titre après la réaction.

Le procédé de Millon a pour point de départ la réaction de l'acide azoteux sur l'urée qu'il décompose en azote et acide carbonique.

$$C^2H^4Az^2O^2 + 2\,AzO^5 = 4\,HO + 4\,Az + 2\,CO^2.$$

On emploie l'acide azoteux à l'état d'azotate et d'azotite de mercure, mélangés avec un excès d'acide azotique. Ce liquide est désigné sous le nom de réactif de Millon. On le prépare en dissolvant 125 grammes de mercure dans 168 grammes d'acide azotique d'une densité $= 1,4$ puis on étend de deux fois son volume d'eau. Millon ne s'occupe que de l'acide carbonique produit et le reçoit dans un tube à boule contenant une solution de potasse caustique. Ce tube est pesé d'avance comme pour une analyse organique et l'augmentation de poids fait connaître la quantité de gaz produit et par suite la proportion d'urée.

Mode opératoire. Un volume connu d'urine 15 à 20 centimètres cubes est introduit dans un petit ballon ; on y ajoute 40 à 50 centimètres cubes du réactif et l'on ferme avec un bouchon percé de deux trous, dont l'un reçoit un tube à dégagement et l'autre un tube droit terminé par une pointe effilée et fermée à la lampe.

Le tube à dégagement est mis en communication avec un tube en U renfermant de la ponce sulfurique, et destiné à retenir l'eau entraînée pendant l'opération, puis vient le tube à potasse dont nous avons parlé. Il est bon de terminer l'appareil par un tube témoin renfermant de la potasse en morceaux.

La réaction commence à froid ; mais pour la terminer il faut porter le mélange à l'ébullition ; on cesse aussitôt que le ballon se remplit de vapeurs rutilantes.

On brise alors le tube effilé dont nous avons parlé, et on met en communication avec un aspirateur. L'augmentation du poids du tube à potasse multiplié par 60/44 ou 1,3636 donne le poids de l'urée.

Ce procédé est exact ; Millon s'est assuré que le changement de composition du réactif n'a pas d'influence sur le dosage de l'urée. La présence des acides urique et hippurique ne fausse pas non plus les résultats. La pratique est assez minutieuse, la pesée du tube est délicate et demande une bonne balance de précision ; l'opération elle-même et surtout le balayage du tube demande à être conduit avec prudence.

M. Berthelot conseille de doser l'acide carbonique produit à l'aide d'une solution titrée de baryte, ce qui dispense de l'emploi d'une balance.

M. G. Bouchardat, mettant à profit l'action de l'hydrogène naissant sur le nitrate d'urée, a indiqué le procédé suivant : (*Thèse pour le doctorat en médecine.*)

La disposition de l'appareil est la même que pour le procédé de Millon. Le ballon est encore fermé par un bouchon percé de deux trous, l'un d'eux donne passage à un tube à entonnoir dont l'extrémité est effilée, l'autre à un tube à dégagement muni d'une boule et terminé en bizeau afin de permettre à l'eau condensée de retomber dans le ballon ; l'appareil est continué par des tubes à ponce sulfurique et à chlorure de calcium pour retenir l'humidité, puis par un tube à boule contenant une solution de potasse et enfin terminé par un tube témoin.

Dans le ballon on place l'urine avec du zinc pur, puis on verse par le tube à entonnoir d'abord de l'acide nitrique puis de l'acide chlorhydrique. Le dégagement gazeux commence immédiatement et l'acide carbonique produit est entraîné par l'hydrogène. On chauffe vers la fin de l'opération.

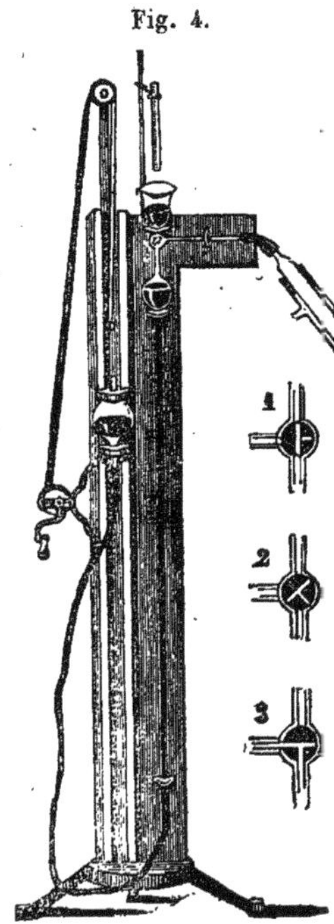

Fig. 4.

Quand on opère sur l'urine, il est bon de la précipiter auparavant par le sous-acétate de plomb.

Dans ces derniers temps on a fait subir au procédé de Millon de nombreuses modifications.

M. Grehant décompose l'urée dans un long tube que l'on peut chauffer au bain-marie et qui peut être mis en communication avec la machine pneumatique à mercure de MM. Alvergniat.

On commence par faire le vide dans ce tube à réaction, puis au moyen du robinet à trois voies on y introduit d'abord l'urine ou le liquide contenant l'urée, puis le réactif de Millon. Les gaz provenant de la réaction sont dirigés dans une éprouvette graduée et mesurée.

Une précaution importante est à prendre ; il faut commencer par priver l'urine des gaz qu'elle contient en dissolution et de ceux qui proviendraient de l'action du liquide acide (réactif de Millon) sur les sels dissous (carbonates). Pour cela on traite l'urine dans le tube même à réaction par quelques gouttes d'acide acétique, en chauffant légèrement, et on fait plusieurs fois le vide.

Lorsque après la réaction, les gaz ont été rassemblés dans l'éprouvette par la manœuvre de la pompe ; il faut procéder à leur analyse. Le volume total étant déterminé, on absorbe d'abord l'acide carbonique par la potasse, puis le bioxyde d'azote par une dissolution de sulfate ferreux, et l'azote reste seul. Son volume doit être égal à celui de l'acide carbonique.

Mais d'après les chiffres donnés par M. Grehant lui-même, il y a toujours une certaine différence. Pour le calcul de l'analyse, il est préférable de se baser sur le volume de l'azote. On ramène ce volume à O et 760, au moyen de la formule de correction qui sera indiquée plus tard.

Ce procédé ne donne pas des résultats plus exacts que celu de Millon et il a l'inconvénient de substituer à la balance, un appareil encore plus coûteux et au moins aussi délicat à manœuvrer. Le seul avantage qu'il présente est de permettre de contrôler l'analyse, puisque l'on recueille les deux gaz, acide carbonique et azote.

Procédé de M. Boymond. — Ce procédé qui n'est autre chose que celui de Millon modifié, lui est supérieur au point de vue de la facilité d'exécution. Au lieu de recueillir l'acide carbonique seul, comme le fait Millon, ou l'acide carbonique et l'azote comme le fait M. Grehant, M. Boymond les laisse dégager tous les deux et détermine la perte de poids subie par l'appareil où s'est accomplie la réaction.

M. Boymond s'est d'abord assuré que, dans la décomposition de l'urée par l'acide azoteux, il se forme volumes égaux d'acide carbonique et d'azote ; il a également étudié les corps qui se forment après cette décomposition, ainsi que l'action de l'acide azoteux avec les autres corps qui accompagnent l'urée dans l'urine.

L'action de l'acide azoteux sur l'urée a été diversement interprétée : Gérhard, Wurtz, Hoppe-Seyler admettent la formation d'un volume d'azote double de celui de l'acide carbonique.

$$C^2H^4Az^2O^2 + 2AzO^5 = 4HO + 4Az + 2CO^2$$

Millon et, depuis, M. Berthelot admettent la décomposition à volume égaux.

$$C^2H^4Az^2O^2 + 60 = 4HO + 2Az + 2CO^2$$

Mais en plus de ces gaz, il y a production constante d'ammoniaque. Il est facile de s'en assurer en traitant par la potasse caustique le liquide résultant de l'action du réactif de Millon sur l'urée.

La réaction complète doit s'écrire :

$$C^2H^4Az^2O^2 + AzO^5HO + AzO^5 = AzH^5, HO, AzO^5 + HO +$$
$$+ 2Az + 2CO^2$$

M. Boymond a étudié avec un soin tout particulier cette dernière partie de la réaction et a dosé l'ammoniaque produite, par les méthodes de Boussingault et de Péligot. Le résultat est venu confirmer ce que la théorie indiquait.

Pour la méthode qu'il propose, M. Boymond ne s'occupe que du dégagement gazeux et la réaction se borne alors à l'égalité suivante :

$$C^2H^4Az^2O^2 = 2Az + 2CO^2$$
$$60 \quad = 28 + 44 = 72$$

Autrement dit 100 gr. d'urée produisent par leur décomposition 120 gr. de gaz. Cette production de gaz en poids supérieur à celui de l'urée est une condition favorable pour le dosage.

On se sert d'un appareil de Geissler construit pour le dosage de l'acide carbonique par la perte de poids.

La figure 5 représente le premier modèle. 0'20 d'urée desséchée sont introduits dans le vase A et dissous dans 15 cent. cubes d'eau. Le robinet b étant fermé on verse du réactif de Millon dans le tubulure B, et dans le tube C on introduit de l'acide sulfurique pur et concentré. L'appareil est ensuite pesé dans une balance de précision. On ouvre alors le robinet b et on soulève le bouchon g afin de permettre la rentrée de l'air.

La réaction commence aussitôt, et les gaz dégagés traversent l'acide sulfurique auquel ils abandonnent leur humidité puis s'échappent dans l'air par la tubulure *e*. Pour terminer la réaction on chauffe légèrement l'appareil au bain de sable. On balaye l'atmosphère du flacon par un courant d'air pur, et l'on pèse après refroidissement. La perte de poids indique la quantité d'urée décomposée.

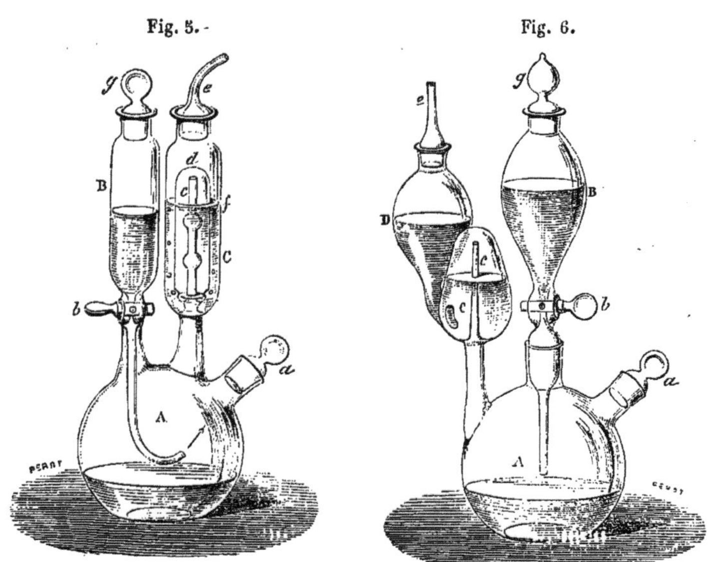

L'appareil qui vient d'être décrit présente un inconvénient, il peut se produire facilement une absorption lorsqu'il se refroidit après avoir été retiré du bain de sable. Le modèle (*fig.* 6) ne présente plus cet inconvénient.

M. Boymond, ainsi que M. Grehant, se sert d'un réactif plus concentré que celui de Millon, il le prépare en dissolvant 125 gr. de mercure dans 170 gr. d'acide azotique, la dissolution achevée à une douce chaleur est étendue de son volume d'eau distillée.

On a objecté au procédé que le bioxyde d'azote pouvait ne pas être entièrement retenu par l'acide sulfurique, et en se dé-

gageant, fausser les résultats. M. Boymond s'est assuré que la
petite différence tantôt supérieure, tantôt inférieure qui se produit, est de l'ordre de celles qu'on rencontre dans toutes les
analyses.

Une objection plus sérieuse à faire est que dans cette méthode rien ne sert de contrôle à l'opération. Si le dégagement
du gaz a été trop rapide, si un peu de vapeur d'eau ou de
bioxyde d'azote a échappé à l'action de l'acide sulfurique, la
perte de poids n'en est pas moins attribuée à l'acide carbonique
et à l'azote. Le procédé de M. Grehant, dans lequel les gaz sont
recueillis, offre une certitude absolue sous ce rapport.

On doit, lorsqu'on opère sur une urine, éliminer d'abord les
gaz libres et ceux qui peuvent se produire par l'action du liquide
acide. Dans ce but M. Boymond fait chauffer légèrement l'urine
avec un peu d'acide tartrique.

Il s'est assuré que l'acide urique, hippurique, l'albumine, le
sucre, la créatine, la créatinine sont sans influence fâcheuse
sur le résultat définitif de l'analyse.

Procédé de Lecomte. — M. Lecomte a indiqué un procédé
de dosage basé sur la décomposition de l'urée par le chlore et les
hypochlorites en azote et acide carbonique ; mais c'est H. Davy
qui le premier a indiqué cette réaction.

$$C^2 H^4 Az^2 O^2 + 6\,MOCLO = 6\,MCL + 4\,HO + 2\,CO^2 + 2\,Az$$

On obtient l'hypochlorite de soude qui sert à ce dosage en
délayant dans 500 gr. d'eau, 100 gr. d'hypochlorite de chaux ;
puis, après avoir filtré , on dissout 200 gr. de carbonate de
soude. Il se dépose du carbonate de chaux ; on filtre de nouveau et on réunit les eaux de lavage de façon à obtenir deux
litres de liqueur.

Pour procéder à un dosage, on place dans un petit ballon
50 cent. cubes d'urine préparée comme il sera dit plus loin,
puis l'hypochlorite jusqu'à la naissance du col, on achève de
remplir avec de l'eau pure. Le bouchon en pénétrant déplace

une certaine quantité d'eau qui se loge dans le tube abducteur et chasse ainsi tout l'air. On chauffe et la réaction commence immédiatement ; lorsque ce qui pouvait rester d'air dans le tube abducteur est dégagé, on place une éprouvette graduée de façon à recueillir l'azote : l'acide carbonique est retenu par la liqueur alcaline. On chauffe le ballon à l'ébullition jusqu'à ce qu'il ne se dégage plus de gaz ce que l'on reconnaît à la production d'un bruit sec comme dans le marteau d'eau.

L'azote dégagé, malgré son odeur de chlore, ne doit pas diminuer lorsqu'on l'agite avec une solution de potasse.

On doit, pour le calcul de l'analyse, faire les corrections de température et de pression d'après la formule connue.

$$\text{Vo} = \text{V} \times \frac{1}{1 + at} \times \frac{\text{H} - f}{760}$$

D'après la théorie $0^{gr},10$ d'urée doit donner 37 cent. cubes d'azote ; mais on n'en obtient jamais que 34, on doit se baser sur ce chiffre pour le calcul de l'analyse.

La créatine et les autres matières donnent aussi de l'azote sous l'influence du chlore. Il résulte des expériences de M. Lecomte que dans l'urine toutes les matières azotées, autres que l'urée, augmentent la quantité d'azote de 54 0/0 environ.

Lorsqu'on opère sur l'urine on en prend 20 cent. cubes que l'on traite par 3^{cc} de sous-acétate de plomb : on porte à l'ébullition, on filtre et on enlève l'excès de plomb par le carbonate de soude. On réunit les eaux de lavage de façon à obtenir un volume total de 50 cent. cubes.

Procédé de Liebig. — Nous avons déjà dit que l'urée forme avec l'azotate de bioxyde de mercure un composé blanc répondant à la formule $C^2H^4Az^2O^2,4HgO$; ce précipité se produit lorsque l'on verse une solution étendue de sel mercurique dans une solution également étendue d'urée et qu'on neutralise au fur et à mesure par le carbonate de soude. Tant qu'il reste de l'urée libre, le carbonate de soude produit un précipité blanc ;

mais aussitôt que toute l'urée est précipitée, le carbonate de soude donne avec le sel de mercure un précipité jaune. On peut à ce moment déduire du volume de la solution mercurique employée, la quantité d'urée précipitée.

Il faut commencer par préparer trois solutions titrées. Une solution d'urée, une solution mercurielle, et une de baryte pour précipiter les phosphates et les sulfates.

La solution normale d'urée se prépare, en dissolvant 4 gr. d'urée pure et desséchée à 100° dans 200 cent. cubes d'eau distillée, 10 cent. cubes contiennent $0^{gr},20$ d'urée.

La solution mercurielle est faite de telle sorte que 20 cent. cubes précipitent exactement 10 cent. cubes de la solution précédente ou $0^{gr},20$ d'urée, autrement dit 1 cent. cube de la solution mercurielle précipite $0^{gr},010$ d'urée.

Mais il faut que cette solution mercurielle soit un peu plus riche que ne l'indique la théorie, afin que le précipité jaune qui indique la fin de l'opération puisse se produire. Liebig a calculé que 10 cent. cubes de la solution devaient contenir $0^{gr},772$ d'oxyde mercurique, au lieu de 0,720 que la théorie indique.

On peut la préparer au moyen du mercure pur, en dissolvant $74^{gr},48$ de ce métal dans l'acide azotique. On chauffe en ajoutant de l'acide de temps en temps jusqu'à ce qu'il ne se dégage plus de vapeurs nitreuses, on est alors certain que tout le mercure est converti en sel bioxyde. On évapore en consistance sirupeuse pour chasser l'excès d'acide, puis on étend d'eau pour faire un volume de 1 litre. Si l'addition d'eau donne lieu à un précipité de sous-sel, on décante et on dissout le précipité par quelques gouttes d'acide azotique : puis on réunit les deux liqueurs.

Si l'on opère avec le bioxyde de mercure on en dissout $77^{gr},20$ dans l'acide azotique pur et l'on fait la solution en prenant les précautions qui viennent d'être indiquées.

Pour la solution de baryte on mélange deux parties d'eau de

baryte saturée à froid avec une partie d'azotate de baryte également saturée à froid.

On commence par titrer la solution mercurique ; pour cela on mesure 10 cent. cubes de la solution d'urée dans un petit vase à précipiter, et on y laisse tomber goutte à goutte la solution mercurique au moyen d'une burette graduée (*fig.* 6), et cela jusqu'à ce que le mélange placé sur une lame de verre et neutralisé par le carbonate de soude donne lieu à un précipité jaunâtre. S'il n'a fallu que $17^{cc},8$ de solution mercurielle au lieu de 20^{cc}, on ajoute la différence, c'est-à-dire 22 cent. cubes d'eau pour compléter 200 cent. cubes de façon à obtenir une liqueur dont 20 cent. cubes précipitent exactement 10 cent. cubes de la solution d'urée ou $0^{gr},20$ de cette dernière.

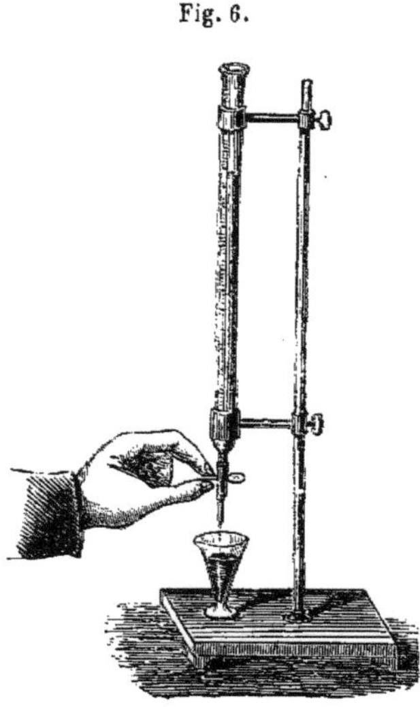

Fig. 6.

Dosage de l'urée, Dosage de Liebig.

Si, au contraire, la solution mercurielle est trop étendue, on la concentre à une douce chaleur.

Lorsqu'il s'agit d'opérer sur l'urine, la marche à suivre n'est plus aussi simple. Il faut éliminer les phosphates et les sulfates dont la présence serait une cause d'erreur, et de plus tenir compte du sel marin, de la richesse en urée, du carbonate d'ammoniaque, de la créatine, et surtout avoir bien soin d'opérer sur une urine exempte d'albumine.

Pour éliminer les phosphates et les sulfates on ajoute à l'urine la moitié de son volume de la solution barytique ; on filtre et on opère sur l'urine ainsi diluée, en tenant compte dans le calcul de cette augmentation de volume.

Corrections relatives à la richesse en urée.— La solution mercurielle a été faite pour un liquide qui ne contient que 2 °/₀ d'urée et ne donne pas de résultats exacts pour une solution plus ou moins riche. Il faut moins de solution mercurielle dès que la richesse en urée dépasse 2°/₀, et au contraire il en faut davantage quand la proportion d'urée est inférieure à 2 °/₀.

Si l'urine contient plus de 2 °/₀, on n'observe la coloration jaune finale qu'après avoir employé un volume de solution mercurielle qui dépasse le double du volume de l'urine préparée sur laquelle on opère. Alors, on recommence l'essai en ajoutant à l'urine préparée un nombre de centimètres cubes d'eau égal à la moitié du nombre de centimètres cubes de la solution mercurielle versés en plus du double.

Ainsi, pour 15 cent. cubes d'urine préparée (urine et baryte) on a employé 48^{cc} : l'excès est de 48—30=18. On recommence l'essai en ajoutant à l'urine la moitié de cette différence (18), c'est-à-dire 9 cent. cubes d'eau.

2° Lorsque l'urine contient moins de 2 °/₀ d'urée, Liebig a reconnu qu'il fallait retrancher 1/10 de cent. cube par chaque 5 cent. cubes de la solution mercurielle versée en moins que le double du nombre de centimètres cubes de l'urine préparée.

Si 15 cent. cubes d'urine n'ont exigé que 26 cent. cubes de solution mercurielle au lieu de 30, il faudra de ces 26 retrancher $1/10 \times \frac{4}{5}$ ou 0,08 et prendre pour chiffre 26—0,08=25,92.

Une autre cause d'erreur provient de la présence de chlorure de sodium. Nous avons vu que si l'on ajoute 20 cent. cubes de la solution mercurielle à 10 cent. cubes de la solution normale d'urée, on obtient la coloration jaune par l'addition du carbonate de soude. Mais si dans la liqueur se trouve du sel marin : 0^{gr},20 environ, le phénomène ne se produit plus, il faut ajouter un excès de sel mercuriel pour obtenir le précipité jaune ; l'expérience indiquerait donc plus d'urée que la solution n'en renferme. Cela tient à ce qu'une partie de l'azotate est transformée en chlorure par la quantité équivalente de sel marin ; et comme la carbonate de soude ne peut décomposer ce chlorure, la coloration jaune ne se produit que lorsqu'il y a un excès de sel mercurique.

Dans la pratique, lorsqu'une urine contient de 1 à 1/12 pour 100 de chlorures, on retranche 2 cent. cubes de la solution mercurielle et on calcule le poids de l'urée sur le reste.

Pour supprimer cette cause d'erreur, il faudrait débarrasser l'urine de ses chlorures au moyen d'une solution titrée d'azotate d'argent dont 1 cent. cube correspond à $0^{gr},010$ de chlorure de sodium.

Rautenberg est parvenu à supprimer la cause d'erreur due au chlorure de sodium en remplaçant le carbonate de soude par le bicarbonate ; ce dernier sel ne précipitant pas le bichlorure qui se forme aux dépens du sel marin.

La présence de la glycose dans l'urine n'entrave en rien le procédé, il n'y a donc pas lieu d'en tenir compte. Quelquefois l'urine est devenue ammoniacale par suite de la décomposition de l'urée, lorsque cette transformation n'est pas trop avancée elle n'influe en rien sur l'exactitude finale du résultat. Si l'on tenait à une grande exactitude, il faudrait doser séparément l'urée et l'ammoniaque et calculer cette dernière en urée. Pour cela, on précipite un certain volume d'urine par la solution barytique; on chauffe pour expulser l'ammoniaque et on dose l'urée restante. Dans une seconde prise d'urine, on dose l'ammoniaque par la méthode des volumes au moyen d'une solution d'acide sulfurique dont chaque centimètre cube représente 11,32 milligrammes d'ammoniaque ou 20 milligrammes d'urée.

Lorsque l'urine est albumineuse, il faut commencer par éliminer l'albumine, pour cela on ajoute quelques gouttes d'acide acétique et l'on chauffe ; puis après séparation on opère comme il a été dit.

Pour avoir un dosage exact, il faudrait encore tenir compte de la créatine et de l'allantoïne qui, toutes les deux, sont précipitées par le sel de mercure ; quant aux autres matières indéterminées, on s'en débarrasse en traitant l'urine par le sous-acétate de plomb.

Le procédé de Liebig est assez rapide et d'une facile exécution ; mais on voit à combien de causes d'erreur il est sujet, et les nombreuses corrections qu'on doit faire à chaque détermination. On peut surtout l'employer pour des essais comparatifs.

En examinant les divers procédés qui viennent d'être rapidement passés en revue, on voit qu'aucun n'est pratique pour le médecin ; tous demandent ou des appareils spéciaux ou une longue habitude des manipulations chimiques. J'avais été frappé de cette lacune et amené à chercher un procédé à la fois simple et exact. Il était impossible de rendre pratiques même en les modifiant ceux qui exigent l'emploi de la chaleur.

Je me suis arrêté au procédé de Lecomte ou plutôt à une modification proposée par le Dr Davy : Ce procédé consiste à prendre un tube d'environ 0^m,50 de long et gradué. On y verse environ 1/3 de la hauteur de mercure, puis 1 cent. cube d'urine, on achève rapidement de remplir avec l'hypochlorite de soude, on bouche avec le doigt, on agite et on renverse le tube dans une solution saline ; le mercure s'écoule et est remplacé par la solution qui reste à la partie inférieure à cause de sa densité, et est refoulée au fur et à mesure que le gaz dégagé s'accumule dans la partie supérieure du tube. On fait la lecture et d'après le volume d'azote corrigé, on calcule la quantité d'urée contenue dans un centimètre cube d'urine. Ce procédé est seulement approximatif. Il faut en effet que l'hypochlorite alcalin soit en grand excès par rapport à la solution d'urée, et d'autre part il faut chauffer vers la fin de l'opération. J'ai songé à remplacer l'hypochlorite par l'hypobromite de soude dont la préparation est bien plus facile et l'action plus prompte. Cette substitution a été également indiquée en Allemagne par Knop et Hüfner ; mais M. Bussy m'avait fait l'honneur de présenter mon travail à l'Académie de médecine, avant que le procédé allemand fût connu en France. Du reste, les deux appareils n'ont de commun entre eux que l'emploi de l'hypobromite. Voici la description du procédé tel qu'il est indiqué dans le journal allemand de chimie pratique.

Un tube de verre d'une capacité de 100^{cc}, fermé par un bout, est divisé en deux parties par un bon robinet à gaz ; la partie inférieure est d'une capacité de 11 à 12^{cc}. L'extrémité ouverte du tube passe au travers d'une soucoupe en verre dans laquelle il est mastiqué, et fait un peu saillie en dedans ; cette soucoupe forme ainsi une petite cuve à eau dans laquelle on peut renverser une éprouvette graduée.

Pour faire un dosage on verse au moyen d'un entonnoir à longue tige le liquide qui contient l'urée jusque dans la partie inférieure du tube, au travers du robinet : on ferme ensuite ce robinet, et on remplit la partie supérieure jusqu'à l'orifice de la solution d'hypobromite, puis dans la soucoupe on verse une solution de sel marin. D'autre part, une éprouvette graduée est remplie d'eau pure, et renversée dans la soucoupe au-dessus de l'orifice du tube : on ouvre alors le robinet ; l'hypobromite se mélange à l'urée, la réaction commence et l'azote dégagé se rassemble dans l'éprouvette ; on termine la réaction en chauffant légèrement le tube. Des expériences faites sur des solutions titrées d'urée ont donné $0^{gr}337$ et $0^{gr}334$ pour un titre de $0^{gr}350$. Pour appliquer cette méthode à l'urine, on l'étend de trois à quatre fois son volume d'eau.

Comme il est facile de le voir, ce procédé n'offrait sur celui de Lecomte qu'un avantage, la substitution de l'hypobromite à l'hypochlorite. Il fallait toujours faire des corrections pour le volume gazeux. Cet inconvénient est commun du reste à tous ces procédés, je me suis attaché à le faire disparaître.

Voilà la description du manuel opératoire tel que je l'ai publié dans le *Bulletin de l'Académie de Médecine* et celui de la *Société chimique* :

Un tube de verre, long de 40 centimètres porte vers son quart supérieur, un robinet, également en verre, et est gradué de chaque côté à partir de ce robinet en centimètres cubes et dixièmes de centimètres cubes. Cet instrument, pour lequel j'ai proposé le nom d'uréomètre, est plongé dans une longue éprouvette, évasée à sa partie supérieure et contenant du mercure (*fig. 7*).

Fig. 7.

Le robinet ouvert, l'instrument se remplit : on ferme alors le robinet, on soulève le tube et on le maintient au moyen d'un support à collier fixé à l'éprouvette. On a ainsi une sorte de baromètre tronqué dans la chambre duquel on pourra introduire successivement divers liquides sans laisser rentrer d'air. Cette manœuvre est facilitée par l'immersion plus ou moins grande du tube dans le mercure (1).

On commence par préparer une solution d'urée renfermant 1 centigramme de cette substance par 5 centimètres cubes, et on en mesure cette quantité dans la partie supérieure du tube graduée à cet effet.

Pour faire cette solution, il est de rigueur d'employer de l'urée pure et parfaitement desséchée.

En ouvrant le robinet on fait pénétrer peu à peu le liquide dans le tube, et le mercure s'abaisse d'autant. On lave le tube mesureur avec un peu de lessive de soude, étendue d'eau et on réunit ce liquide au premier.

(1) Cet appareil est construit par MM. Alvergniat, 10, rue de la Sorbonne.

♦ On fait arriver enfin 5 à 6 centimètres cubes d'une solution. d'hypobromite ainsi préparée.

Brôme. . . . . 5 gr.
Lessive de soude . . . . 30 —
Eau distillée. . . . . 125 —

Cette solution se conserve très-bien et ne dégage pas d'oxygène d'une façon appréciable.

La réaction commence immédiatement ; mais aucune bulle de gaz ne peut s'échapper, la pression étant plus faible à l'intérieur qu'à l' extérieur. Pour faciliter le mélange des liquides on retire l'instrument du mercure, en bouchant avec le doigt l'extrémité inférieure, et l'on agite. On replace dans la cuvette jusqu'à ce que tout le gaz soit rassemblé dans la chambre, ce qui se reconnaît à ce que le liquide s'est éclairci. Il doit y avoir un excès d'hypobromite, on le voit à la teinte jaune du liquide.

L'opération terminée, on porte l'instrument dans une éprouvette pleine d'eau ; l'hypobromite, plus dense, s'écoule ; on égalise les niveaux et on fait la lecture. On doit trouver un nombre de divisions tel que, ramené à O' et à 760, il devienne 37 : on obtient donc la quantité théorique : 1 centigramme d'urée donnant $3^{cc}7$ d'azote.

Cette détermination que nous venons de faire avec une liqueur titrée, nous dispensera des corrections de température et de pression pour les opérations suivantes : en effet, elle nous apprend que, dans les conditions ou nous opérons, 1 centigramme d'urée donne par exemple 40 divisions de gaz. Si donc nous opérons sur 1^{cc} d'urine et que par sa décomposition nous obtenions 88 divisions d'azote, il n'y aura qu'à poser la proportion suivante :

40 div. représentent 1 centigramme d'urée.
88 — x —

d'où $x = \dfrac{88}{40} = 22$ contig., et en passant au litre, 22 gr.

Il est bon de ne pas opérer sur l'urine pure, vu sa richesse en urée ; ordinairement j'en prends 10 centimètres cubes et j'étends d'eau de façon à faire 50 centimètres cubes. Le résultat est ensuite multiplié par 5. Comme vérification, on opère sur 2, 3, 4 centimètres cubes de la même urine, et on obtient un nombre de divisions exactement double, triple, quadruple du premier.

L'essai clinique peut se réduire à ce que je viens de dire ; mais l'hypobromite de soude décompose également la créatine et les urates et autres matières indéterminées, de même que l'hypochlorite. On se souvient que Lecomte avait fixé à 54 par 1000 l'augmentation d'azote due à ces corps. J'ai voulu vérifier l'exactitude de ce chiffre, et j'ai fait un très-grand nombre d'essais sur des urines pures et sur les mêmes après précipitation par l'acétate de plomb. Il résulte de mes expériences que l'on peut abaisser ce chiffre à 45 $^o/_{oo}$.

Dans la pratique on retranchera donc 4,5 $^o/_o$ sur le chiffre d'urée obtenu. Ainsi, dans l'exemple précité, la proportion d'urée serait de $22 - \dfrac{22 \times 4,5}{100} = 21,01$.

Pour un dosage exact de l'urée, on précipite la créatinine par le chlorure de zinc en solution alcoolique ; puis les urates par le sous-acétate de plomb : l'excès de ce dernier est éliminé par le phosphate de soude.

On réunit les eaux de lavage de façon à faire un volume de 50 centimètres cubes, la prise d'urine étant de 10.

La précipitation de la créatine par le chlorure de zinc est plutôt théorique que pratique, la majeure partie du précipité est formé de phosphate de zinc.

Si l'on n'a pas de solution d'urée : on peut faire les corrections de volume d'après la formule suivante :

$$V_0 = V \frac{1}{1 + 0,003665 \times t} \times \frac{H - f}{760}$$

dans laquelle

V. représente le volume corrigé et O′ et 760 ;
V   —   le volume lu sur l'appareil ;
H   —   la pression au moment de l'expérience ;
t —   la température ;
f —   la force élastique de la vapeur d'eau à
              cette température.

Depuis la publication de ce procédé, j'ai pu faire un grand nombre de remarques sur son emploi, et profiter des observations qu'on a bien voulu me transmettre. Je ne puis m'empêcher de remercier ici MM. Personne et Méhu des bons conseils qu'ils ont bien voulu me donner.

M. Méhu, dont la grande expérience en pareille matière est bien connue, a pu faire une observation heureuse pour la pratique ; il s'est assuré que la décomposition de l'urée en carbonate d'ammoniaque influe très-peu sur le dosage, autrement dit, que l'azote soit sous forme d'urée ou de sel ammoniacal, on le retrouve toujours dans l'appareil. M. Méhu a en effet conservé de l'urine pendant plusieurs semaines en dosant tous les jours l'urée ; et même lorsque la décomposition fut très-avancée, la quantité d'azote avait varié dans des limites assez faibles.

La décomposition de l'urée par l'hypobromite de soude donne exactement la quantité d'azote indiquée par la théorie. La quantité de gaz dégagé est toujours proportionnelle au volume de l'urine employé ; la disposition de l'appareil se prête très-bien à cette vérification. On commence par décomposer 1 cent. cube d'urine diluée et on note le volume gazeux ; on introduit alors un second cent. cube d'urine et de l'hypobromite si cela est nécessaire ; il se dégage une nouvelle quantité d'azote et le volume doit être exactement le double du premier ; on peut ainsi introduire successivement 3 et 4 cent. cubes d'urine et vérifier que la proportion se maintient, dans les limites d'erreur expérimentale bien entendu.

On peut dans ce même appareil opérer la décomposition de l'urée au moyen de l'azotite de potasse : alors il ne faut plus opérer sur le mercure ; mais sur une solution saline saturée. On fait pénétrer d'abord l'urée, puis une solution d'azotite de potasse et enfin quelques gouttes d'eau acidulée ; la décomposition de l'urée est presque instantanée et ici on recueille les deux gaz.

Peu de temps après, M. le Dr Bouchard a publié un procédé différent dans lequel il se sert du réactif de Millon. Il prend un tube de verre de 60 à 70 cent. de longueur environ, gradué en centimètres cubes et dixièmes comme celui du Dr Davy. Il y verse d'abord une certaine quantité du réactif de Millon, puis du chloroforme, la quantité d'urine sur laquelle on doit opérer (1 à 2 cent. cubes) et finit de remplir avec de l'eau. On bouche avec le doigt, et on renverse le tube dans un verre plein d'eau ; le chloroforme plus dense occupe le fond à mesure que le gaz qui se dégage le refoule. L'opération terminée, on fait la lecture en égalisant les niveaux dans une éprouvette pleine d'eau ; on absorbe l'acide carbonique en faisant pénétrer un morceau de potasse et on lit ensuite le volume de l'azote. On peut faire à ce procédé deux reproches capitaux : le premier est que le réactif de Millon exige l'emploi de la chaleur pour terminer son action, et le second qu'on se sert d'un liquide volatil, le chloroforme, dont la vapeur se mélange aux gaz et en change la tension.

Peu de temps après la publication du procédé que je viens de décrire, un assez grand nombre de modifications y ont été apportées ; elles ne changent en rien le principe, ni souvent le mode opératoire, et dans la plupart des cas lui enlèvent une partie de son exactitude.

M. Esbach se sert d'un tube fermé par un bout et gradué dans lequel il introduit de l'hypobromite, de la lessive de

soudé étendue d'eau et 1 cent. cube d'urine ; on lit le volume
occupé par ces trois liquides : alors avec le doigt muni d'une
lame de caoutchouc on bouche le tube et on agite ; le gaz
dégagé se comprime et on plonge le tube dans un vase quelconque plein d'eau ; le gaz en se dilatant chasse de l'eau, on
égalise les niveaux, on bouche de nouveau et dans l'eau le
tube avec le doigt, puis on le retire et on le place dans la première position : le volume restant est moindre que le volume
primitif (eau + urine + hypobromite), puisqu'une partie a été
chassée par le gaz ; ce qui manque représente le volume du
gaz dégagé ; comme terme de comparaison, on se sert d'une
solution normale d'urée ou on fait les corrections.

M. Bouvet s'est contenté de reproduire exactement la disposition du Dr Davy qui m'avait servi de point de départ, en
remplaçant seulement l'hypochlorite par l'hypobromite.

M. Regnard se sert pour mesurer le gaz produit d'un tube
gradué plongé dans une éprouvette pleine d'eau, et terminé par
une petite tubulure à la partie supérieure ; cette tubulure
reçoit un tube en caoutchouc qui met en communication avec
le tube à réaction. Ce dernier se compose d'un tube à 3 boules ; celle du milieu se relève un peu au-dessus du niveau des
deux autres. Dans la boule de gauche on introduit l'urine et
dans celle de droite l'hypobromite, rien dans celle du milieu ;
le tube à boule est relié d'un côté au tube mesureur ainsi que
je l'ai déjà dit, et l'autre extrémité est fermée par un bouchon
en caoutchouc à travers lequel passe une tige de verre. En
enfonçant plus ou moins cette tige, on comprime ou on dilate
l'air de façon à déterminer l'affleurement de l'eau au niveau
d'une division de la cloche graduée. Cela fait, on agite le tube à
réaction : les deux liquides se mélangent dans la boule cen-
trale ; l'azote en se dégageant refoule l'eau ; on égalise les
niveaux et on fait la lecture.

M. Magnier de la Source a fait ajouter à l'appareil que j'ai
décrit deux boules, l'une au-dessus du robinet, l'autre au-

dessous, de façon à permettre d'opérer sur une quantité plus considérable d'urine.

M. Dupré a modifié seulement la disposition de la cuve à mesure qu'il remplace par une boule mobile reliée par un tube de caoutchouc à la partie inférieure de l'uréomètre. C'est la même disposition que pour la machine pneumatique à mercure de M. Alvergniat. On peut enfin suivre le procédé indiqué pour la chlorométrie : on fait une solution d'hypobromite que l'on titre avec l'acide arsénieux et l'indigo ; puis on fait agir cette solution d'hypobromite sur une quantité connue d'urine ; on prend le titre après réaction, et par différence on connaît la quantité de brôme qui a disparu et par suite la quantité d'urée décomposée.

Enfin M. Musculus a indiqué dans les comptes rendus un procédé de dosage assez original. Nous avons déjà dit que dans l'urine l'urée se décomposait à la longue en carbonate d'ammoniaque ; cette fermentation a lieu sous l'influence d'un ferment et une fois commencée elle continue jusqu'à transformation complète de l'urée. M. Musculus commence par isoler ce ferment de la façon suivante ; il prend de l'urine en pleine fermentation ammoniacale et la filtre plusieurs fois sur du papier blanc ; ce papier retient le ferment ; on le dessèche à air libre et on le coupe en bandes comme un papier réactif. Si ensuite on place dans une solution d'urée pure ou d'urine récente une bande de ce papier, il détermine de suite la fermentation ammoniacale de l'urée ou de l'urine ; toute l'urée est bientôt transformée en carbonate d'ammoniaque que l'on dose volumétriquement.

Je ne veux rien dire sur la valeur de ce procédé, j'ai préparé le papier réactif en prenant les précautions indiquées par M. Musculus et j'avoue que je n'ai jamais pu déterminer la fermentation de l'urine ; plusieurs autres expérimentateurs n'ont pas été plus favorisés.

Variations de l'urée dans l'économie.

Si l'on compare l'urine d'un même individu à des époques différentes de la journée ou celle de plusieurs sujets, on trouve des quantités d'urée très-variables, même en opérant sur l'urine des 24 heures. Ce n'est qu'en opérant sur un très-grand nombre de sujets qu'on peut donner une moyenne, si toutefois on peut appeler ainsi des chiffres qui varient de la moitié au double, de telle sorte qu'il est plus exact de dire qu'il n'y a pas de chiffre normal.

Chez un homme adulte qui fait usage d'une bonne nourriture et prend un exercice modéré, la quantité d'urée éliminée dans les 24 heures varie de 25 à 40 gr. ; pendant le même temps le volume d'urine est d'environ 1500 gr., ce qui fait de 2 à 20 gr. par litre. J'ai fait moi-même un nombre considérable de ces déterminations dans le service de mon excellent chef, M. le professeur Lorain, en opérant sur des individus pris dans toutes les conditions possibles, et je suis arrivé aux résultats que j'indique ici.

On donne quelquefois la quantité d'urée par rapport à 1 kilog du poids du corps ; dans ce cas, la moyenne pour les 24 heures varie de $0^{gr},37$ à $0,60$.

Chez les femmes et les enfants, la quantité absolue est plus petite ; mais chez les enfants la quantité relative d'urée par rapport au poids du corps est plus grande que chez l'adulte.

D'après Uhle, un enfant élimine en vingt-quatre heures par chaque kilogramme de son poids :

de 3 à 6 ans, environ 1 gr. d'urée.
de 8 à 11   —   0,8
de 13 à 16   —   0,4 à 0,6.

Un très-grand nombre de causes peuvent faire varier la quantité d'urée éliminée : nous citerons en premier lieu le genre d'alimentation, puis le travail musculaire.

O. Franque a vu, en expérimentant sur lui-même, qu'avec une nourriture exclusivement animale, il éliminait

de 51 à 92 gr. d'urée ;

—	animale mixte, 36 à 38	—
—	végétale mixte, 24 à 28	—
—	ncn azotée, 16 à »»	—

L'exercice musculaire ne variant pas.

Comme on peut _e voir, la quantité d'urée produite donne une mesure approximative de l'activité de la métamorphose des substances protéiques, mais de celles-là seulement. Tout ce qui augmente l'activité de cette métamorphose, augmente la quantité d'urée ; c'est pour cette raison qu'il s'en produit plus le jour que la nuit.

Non-seulement l'activité musculaire augmente la production d'urée, mais encore l'activité de l'esprit ; du moins c'est ce que M. Byasson a voulu démontrer dans un travail fait sur ce sujet. MM. Hugo Schiff et E. Noyes ont également étudié l'influence du sommeil et du travail intellectuel sur la production de l'urée.

Etant donné qu'un sujet, dans les conditions normales de vie et d'exercice, produit tant d'urée par jour, comment cette quantité se répartit-elle dans les vingt-quatre heures ? La quantité d'urée éliminée varie non-seulement du jour à la nuit, mais encore à chaque instant pendant la journée, surtout aux heures des repas. La nuit, l'élimination de l'urée paraît se faire d'une façon uniforme pendant un certain temps. J'ai expérimenté sur moi-même en m'astreignant à uriner toutes les heures pendant vingt-quatre heures. Le tableau suivant résume cette expérience :

	Heure	Volume de l'urine	Degré de dilution	Divisions d'azote	Quantité par litre	Quantité réelle
					gr.	gr.
Déjeuner à 11 h.	1 1/2	80cc	3/5	48	20.53	1.64
	2 1/2	54	»	50.5	21.57	1.17
	3 1/2	72	»	42	17.94	1.29
	4 1/2	88	»	40	16.90	1.48
	5 1/2	85	»	41	17.28	1.62
Dîner à 6 h.	6 1/2	40	»	48	20.53	0.82
	7 1/2	54	»	51	21.99	1.17
	8 1/2	80	»	45	19.24	1.53
	9 1/2	45	»	55	23.50	1.05
Dépôt d'urate.	10 1/2	52	»	75	32.05	1.65
Urine claire.	11 1/2	45	»	78	33.33	1.50
Coucher.	12 1/2	36	»	78	33.33	1.20
	2 h.	54	»	78	33.33	1.80
	4 1/2	75	»	79	33.75	2.53
	5 1/2	19	»	80	34.17	0.70
Lever.	6 1/2	35	»	77.5	33.11	1.16
	7 1/2	38	»	62	26.48	1.00
	8 1/2	35	»	54.5	23.28	0.81
Déjeuner.	9 1/2	70	»	45	19.24	1.34
	10 1/2	50	»	47	20.08	1.00
Déjeuner.	11 1/2	48	»	46	19.65	0.94
	12 1/2	54	»	47	20.08	1.08
	1159gr.		Moyenne		24.54	28.28

Pour arriver à une conclusion, il faudrait répéter ce genre de détermination un grand nombre de fois et sur des sujets différents, tout en se plaçant dans des conditions bien déterminées. Malheureusement ces observations sont pénibles et difficiles à faire.

M. le professeur Lecanu, qui s'est beaucoup occupé de cette question, conclut aussi que la quantité d'urée produite par le même sujet varie non-seulement d'un jour à l'autre, mais à chaque époque de la journée.

L'urée apparaît dès les premiers jours de la naissance;

voici à ce sujet quelques chiffres empruntés à la thèse du docteur Quinquaud.

$$\begin{array}{lll}
\text{Premier jour de } \ldots & 0^{g},03 \text{ à } 0,04. \\
\text{Cinquième} & — & 0,12 \text{ à } 0,15. \\
\text{Huitième} & — & 0,20 \text{ à } 0,28. \\
\text{Quinzième} & — & 0,30 \text{ à } 0,40.
\end{array}$$

J'ai eu occasion d'examiner l'urine trouvée dans la vessie d'un enfant mort au passage, il y en avait 4 centimètres cubes renfermant 0g,0065 d'urée. (Service du docteur Lorain 1871).

Terminons ce court aperçu par une dernière remarque : c'est que la quantité d'urée éliminée par l'urine en un temps donné, ne dépend pas uniquement de la quantité produite ; ce corps peut, en effet, être ou entièrement éliminé, ou retenu en partie, soit par le sang, soit par d'autres liquides.

Une augmentation persistante d'urée indique un accroissement dans l'absorption ou l'élimination, tandis qu'un accroissement momentané indique seulement une élimination plus prompte. De même, la diminution d'urée peut dépendre ou d'un ralentissement dans les phénomènes d'assimilation ou d'une rétention de l'urée dans le corps, au fur et à mesure de sa production.

Variations de l'urée dans les diverses maladies. — Dans toutes les maladies aiguës, fébriles (pneumonie, fièvre typhoïde), la quantité d'urée subit généralement une augmentation jusqu'à ce que la fièvre soit arrivée à son maximum ; on l'a vue s'élever jusqu'à 80 grammes et plus dans les vingt-quatre heures. Plus tard, à mesure que la fièvre tombe, la quantité d'urée diminue, et même descend au-dessous de la normale, alors que le malade prend peu d'aliments ; puis elle revient peu à peu à la moyenne.

Dans les fièvres intermittentes, l'urée augmente pendant les accès et cette augmentation commence un peu avant l'apparition de la période algide.

Dans les affections chroniques, la quantité d'urée descend, en général, au-dessous de la normale. Cette diminution suit celle de l'activité de la métamorphose organique ; elle devient très-grande lorsque le terme fatal approche.

Dans l'hydropisie, l'urée éprouve souvent une diminution considérable, mais pour une autre cause ; c'est qu'alors elle se dissout dans les liquides épanchés et ne peut être expulsée au dehors, de là une diminution dans les urines. Mais, au moment où par l'action d'un diurétique (digitale), on provoque l'expulsion d'une grande quantité d'urine, il peut être rejeté au dehors une quantité d'urée très-considérable.

J'ai souvent eu occasion d'examiner des liquides épanchés ; j'ai trouvé dans un épanchement des bourses $25^{gr},62$ d'urée par litre : le sang en contenait $0^{gr},365$, et après la mort 63 centimètres cubes de liquide provenant d'une nouvelle ponction faite dans les bourses, m'ont donné 0,954 d'urée.

Lorsque l'urée s'accumule dans l'économie, il se produit des accidents redoutables ; dans ces conditions, le sang peut en contenir une assez grande quantité.

A l'état normal, la quantité d'urée existant dans le sang est assez constante, la quantité par litre bien entendu. (Le sang de l'artère rénale en contient deux fois plus que celui de la veine). Les premiers chiffres indiqués étaient trop faibles. Picard avait annoncé une moyenne de $0^{gr},016$ par litre chez l'homme. Le même auteur a déterminé cette quantité dans diverses maladies et signalé une augmentation d'urée dans le sang des cholériques et des individus atteints de la maladie de Brigth. Récemment M. Grehant a repris toutes ces expériences et a trouvé des chiffres beaucoup plus forts. Il indique une moyenne de 0,018 à 0,020 pour 100 de sang artériel.

J'ai eu occasion de faire de nombreux dosages d'urée dans le sang et j'ai retrouvé les mêmes chiffres. Dans certains cas pathologiques, j'ai vu cette quantité augmenter dans une proportion considérable : de 0,49 à 0,60 par litre et même une fois j'ai pu doser $3^{gr},88$ par litre.

Influence de diverses substances sur l'urée. — Cette question est encore peu connue. M. Rabuteau s'est assuré que le sulfate de quinine, les azotates et le perchlorate de potasse n'en diminuent pas la quantité (Soc. de Biologie).

Dans un travail assez récent, M. Roux a étudié l'influence du café sur la production de l'urée, il est arrivé à des conclusions opposées à celles admises jusqu'à ce jour; d'après cet auteur, l'ingestion du café augmente la quantité d'urée; M. Rabuteau soutient l'opinion contraire.

L'urée introduite dans l'économie n'est pas décomposée; mais on la retrouve rapidement dans l'urine. Il était facile de prévoir ce résultat puisque l'urée est le produit ultime, le dernier terme de la métamorphose des aliments azotés. Au contraire les produits intermédiaires, l'acide urique, la créatine, peuvent encore être brûlés et augmentent la quantité d'urée lorsqu'on les introduit dans l'économie.

Acide urique.

$$C^{10} H^4 Az^4 O^6 \quad \text{ou} \quad C^{10} H^2 Az^4 O^4 + 2HO$$

Carbone.	35,714
Hydrogène	1,191
Azote.	33,333
Oxygène	19,048
Eau.	10,714
	100,000

On rencontre l'acide urique dans l'urine de tous les animaux même les plus inférieurs. L'urine des oiseaux, des insectes en contient une très-grande quantité, celle des serpents est constituée par de l'acide urique presque pur. L'urine en contient quelques décigrammes par litre et le sang une très-faible quantité qui augmente dans la goutte.

La proportion d'acide urique éliminée par jour ne dépend pas comme l'urée de la quantité de matériaux azotés ingérés, mais bien plus de l'état dans lequel se trouve l'organisme. D'après Becquerel, un homme en bonne santé élimine dans les vingt-quatre heures de 0,49 à 0,55 d'acide urique; mais cette proportion n'a rien de fixe, elle peut varier de 0,2 à 1 gr. et même plus.

Comme nous avons déjà eu occasion de le dire, l'acide urique est un terme intermédiaire de la décomposition des corps azotés; introduit dans l'économie il peut être encore brûlé et transformé en urée.

Pour retirer l'acide urique de l'urine, on prend de préférence celle du matin. Après filtration on l'additionne de 20 cent. cubes d'acide chlorhydrique par litre d'urine; après un repos suffisant l'acide urique se trouve réuni au fond du vase sous forme de cristaux microscopiques plus ou moins colorés.

Pour le préparer en grande quantité, on fait bouillir des excréments de serpent avec une solution de potasse à 1/20 jusqu'à dissolution. Après avoir décanté on filtre sur de l'amiante et on précipite l'acide urique par un excès d'acide chlorhydrique; on dissout dans la potasse l'acide urique et on le précipite de nouveau; on l'obtient pur en répétant plusieurs fois ce traitement.

On peut le préparer de suite dans un grand état de pureté en le dissolvant dans l'acide sulfurique concentré et en étendant peu à peu d'eau. On recueille ainsi un précipité d'une grande blancheur.

Préparé comme il vient d'être dit, l'acide urique est constitué par des écailles très-légères, douces au toucher, qui examinées au microscope se présentent sous forme de tables lisses rhumboïdales; on y rencontre aussi des lames hexagonales, des prismes à quatre pans. Cet acide n'a ni saveur ni odeur.

Il est très-peu soluble dans l'eau, car il exige pour se dissoudre 14 à 15000 fois son poids d'eau froide, et 1800 à 1900 d'eau bouillante. Il est insoluble dans l'alcool et l'éther. Il se dissout facilement dans le phosphate de soude : mais en lui enlevant une partie de sa base et se transforme en urate acide.

Chauffé dans un tube il se dédouble en urée et en acide cyanurique qui se sublime, il se forme en même temps de l'acide cyanhydrique et du carbonate d'ammoniaque. Bouilli avec l'acide plombique, il se décompose en acide carbonique, allantoïne, urée et acide oxalique.

Il est entièrement précipité de ses dissolutions par l'acétate de plomb; dissous dans un alcali caustique il agit comme réducteur sur la liqueur de Felhing.

Si l'on traite par 4 parties d'acide azotique concentré, une partie d'acide urique, il y a dissolution avec effervescence et tout le liquide se prend en masse. L'acide urique s'est dédoublé en alloxane et urée; cette dernière se trouve décomposée au fur et à mesure de sa formation par l'acide azoteux, de là l'effervescence due au dégagement de l'acide carbonique de l'azote.

$$C^{10}H^4Az^4O^6 + 2O + H^2O^2 = C^8H^2Az^2O^8 + C^2H^4Az^2O^2$$

Ac. urique.   Alloxane.   Urée.

L'alloxane qui prend naissance dans ces conditions est un corps tout à fait remarquable par les nombreuses transformations qu'il peut éprouver. Le terme ultime de cette transformation est la murexide qui se forme sous l'influence des vapeurs ammoniacales et sert à caractériser l'acide urique. Par l'action de la potasse caustique, la murexide perd sa couleur rouge et vire au bleu pourpre.

L'acide urique est bibasique, et forme avec les bases des sels neutres et des sels acides; les premiers sont généralement plus solubles, et ils peuvent être décomposés par l'acide carbonique. Cette propriété rend compte de la présence des urates acides et de leur dépôt dans l'urine.

De même que l'acide urique, les urates acides sont sans action sur la teinture de tournesol. Lorsque les urates se trouvent en trop grande proportion dans l'urine, ils ne peuvent se dissoudre et ils forment un dépôt qui apparaît surtout quand l'urine s'est refroidie. Ils peuvent se redissoudre par une élévation de température ; l'addition d'un acide minéral en précipite l'acide urique ; lorsqu'il se dépose dans ces conditions, il est coloré parce qu'il fixe la matière colorante de l'urine.

Les urates les plus connus sont les suivants :

L'urate acide de potasse $C^{10}H^5Az^4KO^6$ soluble dans 800 parties d'eau froide et 80 d'eau bouillante, il accompagne toujours l'urate de soude $C^{10}H^5Az^4NaO^6$. Ce dernier présente au microscope un aspect caractéristique, il est en masse étoilées ou en boules dont la surface est hérissée de piquants.

L'urate acide d'ammoniaque $C^{10}H^5AzH^4O^6$ existe seul, le neutre n'est pas connu. On le rencontre habituellement dans les sédiments des urines ammoniacales. L'urate d'ammoniaque, de même que l'acide urique, brûle sans résidu ; pour les distinguer, il est nécessaire de constater le dégagement d'ammoniaque.

L'urate neutre de chaux $C^{10}H^2Az^4Ca^2O^6 + 2aq$ et l'urate acide $C^{10}H^5Az^4CaO^6 + 2aq$ existent : ils ne font pas effervescence quand on les traite par l'acide chlorhydrique.

L'urate de lithine est le plus soluble de tous : il se dissout dans 116 fois son poids d'eau à 39 et 367 fois d'eau à 20 ; c'est pour cette raison que l'on a préconisé l'emploi du carbonate de lithine dans le traitement des calculs d'acide urique.

Recherche de l'acide urique et des urates.

L'examen microscopique est très-important : les dépôts d'acide urique sont souvent colorés en jaune ou rouge orangé ; ils se présentent tantôt sous forme de longues aiguilles disposées en faisceau ou en éventails, tantôt sous forme de plaques à 6 côtés dont les angles sont souvent émoussés.

L'examen chimique est bien simple et très-concluant. Si l'on n'opère pas sur du sédiment, on évapore une certaine quantité d'urine après avoir d'abord séparé l'albumine s'il y en a : l'urine ainsi concentrée est traitée par l'alcool pour enlever l'urée et toutes les substances solubles : le résidu est ensuite traité par l'acide chlorhydrique étendu pour enlever les sels et l'acide urique reste seul.

Dans une petite capsule on place une faible quantité de ce résidu et on l'arrose avec une goutte d'acide azotique. Puis on chauffe pour évaporer, le dépôt présente une coloration rougeâtre. Le mouillant alors avec une goutte d'ammoniaque étendue au dixième ou même en soufflant des vapeurs ammoniacales on obtient immédiatement la belle coloration pourpre de la murexide, qui passe au bleu pourpre par l'addition de la potasse caustique.

M. Magnier de la Source vient d'indiquer un autre mode de produire cette réaction. La transformation par l'acide azotique ne se produit que si la température a été portée à 240 degrés ; si l'on a trop chauffé la réaction ne peut plus se produire : souvent on ajoute l'ammoniaque trop tôt ou trop tard. En présence de ces inconvénients, M. Magnier préfère oxyder l'acide urique par l'eau bromée qui le transforme sans le concours d'une température élevée. Le résidu où l'on recherche l'acide urique est arrosé de quelques gouttes d'eau bromée : on évapore au bain-marie et il reste sur les parois de la capsule, un enduit rouge-brique qui, traité par la potasse, donne la coloration bleue et par l'ammoniaque la coloration pourpre.

Il ne faut jamais employer le brome en excès, l'auteur indique 5 à 6 gouttes de brome pour 100 cent. cubes d'eau.

Dosage de l'acide urique.

On prend 200 cent. cubes d'urine filtrée, on y ajoute 5 cent. cubes d'acide chlorhydrique, on agite et laisse en repos pendant vingt-quatre heures dans un endroit frais, au bout de ce temps l'acide urique est déposé au fond du vase. On recueille sur un filtre taré, on lave, et l'on pèse après dessiccation. Ces opérations sont assez minutieuses ; comme l'urine est acide on doit se servir d'un petit filtre en papier lavé ; on doit dessécher à 100 degrés.

Dans ce procédé l'acide n'est pas très-pur ; il entraîne avec lui de la matière colorante qui en augmente le poids, ce qui compense un peu la perte due à la solubilité de l'acide urique dans l'eau. On peut du reste tenir compte de cette perte en augmentant le poids de l'acide urique de $0^{gr},0045$ par chaque 100 cent. cubes d'urine et d'eau de lavage employés.

Si l'on doit opérer sur de l'urine qui a déposé de l'acide urique, on la chauffe un peu pour redissoudre l'acide avant de faire la prise d'essai.

En même temps que le procédé de dosage de l'urée j'ai indiqué celui de l'acide urique par l'hypobromite de soude ; en effet un premier essai donne l'azote provenant de tous les matériaux décomposables par le réactif. On sait que d'autre part l'acide urique est entièrement précipité par l'acétate de plomb. Si donc on fait deux essais le premier avec l'urine pure, le second avec l'urine privée d'acide urique, la différence indiquera la quantité d'azote fournie par l'acide urique.

La même observation peut s'appliquer à la créatine. Il fallait commencer par étudier l'action de l'hypobromite de soude sur ces deux corps. Huefner que j'ai déjà cité avait annoncé qu'ils n'abandonnent pas tout leur azote.

J'ai opéré sur de la créatine très-pure et provenant de l'urine.

J'en dois un magnifique échantillon à la bonté de M. Dessaignes, l'éminent chimiste qui l'a préparée en grande quantité à l'occasion de ses travaux sur l'urine.

Si l'on opère sur de la créatine cristallisée, on trouve en effet qu'elle ne perd pas tout l'azote indiqué par la théorie, mais si on la dessèche sur l'acide sulfurique et dans le vide pendant plusieurs jours, on voit qu'elle perd 12 0/0 d'eau, et si l'on tient compte de cette perte on trouve qu'elle dégage tout son azote, plus difficilement que l'urée il est vrai. Quant à l'acide urique je n'ai pu à froid obtenir tout son azote.

Voilà ce qui se passe si l'on opère sur l'acide urique et la créatine séparément ; mais il n'en est plus de même dans leur mélange avec l'urée. Grâce à ce dernier corps dont la décomposition est si facile, il y a, pour ainsi dire, un entraînement général de tout l'azote.

J'ai opéré sur un grand nombre de solutions renfermant de l'urée, de la créatine, et de l'acide urique en proportions variables, et j'ai vu que la décomposition était d'autant plus complète que la proportion d'urée était plus considérable par rapport aux deux autres corps. c'est-à-dire qu'on se rapprochait davantage de la composttion de l'urine.

La créatine en solution concentrée est précipitée par le chlorure de zinc ; mais dans l'urine cette précipitation n'est pas complète ; le précipité assez volumineux qu'on observe est formé par du phosphate, aussi son dosage n'est guère possible par différence, celui de l'acide urique présente au contraire une exactitude suffisante pour la pratique.

D'après les équivalents,

1 centigr. d'urée donne 3^{cc},7 d'azote ou 37 divisions de l'appareil.
1 centig. d'acide urique 2^{cc},65   —   26,5
1 centigr. de créatine 2^{cc},24   —   22,4

Autrement dit une division représente :

0^{gr},000 270 27 d'urée.

0^{gr},000 377   d'acide urique.

0^{gr},000 446   de créatine.

Pour doser l'acide urique on fait un premier essai avec l'urine pure : puis on précipite 10 cent. cubes d'urine par l'acétate de plomb; on enlève l'excès de plomb par le phosphate de soude; on réunit les eaux de lavage de façon à obtenir un volume de 50 cent. cubes. On s'assure que le lavage est terminé lorsqu'en laissant tomber dans l'hypobromite de soude une goutte du liquide qui s'écoule de l'entonnoir, il ne se produit plus de trouble dû au dégagement de bulles gazeuses.

On opère de la même façon pour doser la créatine; à cela près qu'on fait la précipitation par le chlorure de zinc en solution alcoolique.

Voici un exemple d'analyse par ce procédé :

1 cc d'urine pure a donné par sa décomposition 21 divisions.

1 cc après précipitation par le chlorure de zinc   20,5

1 cc après précipitation par l'acétate de plomb   19,5

On en conclut qu'il y a :

$$21 - 20,5 = 0,5 \text{ pour la créatine.}$$
$$21 - 19,5 = 1,5 \text{ pour les urates.}$$

Il suffit de multiplier ces nombres par la quantité d'urée, d'acide urique et de créatine représentés par 1 division de l'appareil. Comme vérification on précipite la même urine, d'abord par le chlorure de zinc, puis par l'acétate de plomb et à l'essai on doit obtenir une différence égale à la somme de celles qu'on obtient en précipitant séparément la créatine et les urates.

Ainsi, dans l'exemple précité, on doit obtenir 19 divisions.

En effet, à la créatine correspond   0,5 div.

—   aux urates   1,5

total   2

L'urine pure donnant   21

21 — 2 = 19

Pour un essai clinique, on peut se dispenser d'éliminer l'excès de plomb par le phosphate de soude ; sa présence n'entrave en rien la décomposition de l'urée, l'hypobromite étant très-alcalin dissout l'oxyde de plomb précipité.

M. Magnier, ignorant sans doute ce que j'avais publié à ce sujet, a repris ce travail et indiqué le même procédé en lui donnant toutefois une exactitude un peu plus grande. Pour cela, il augmente la quantité d'urine sur laquelle on opère. J'ai déjà parlé de la modification qu'il a apportée à l'appareil.

Les essais de M. Magnier n'ont porté que sur l'acide urique ; il a vu, comme je l'avais indiqué également, que l'hypobromite ne dégageait pas tout l'azote de ce corps ; mais il a déterminé cette quantité qu'il a trouvée égale à la moitié. Aussi fait-il, dans un dosage d'acide urique, doubler le poids obtenu par le calcul.

Mais l'auteur a omis de déterminer quelle pouvait être l'influence de l'urée dont la décomposition s'opère en même temps, et peut-être, dans ce cas, serait-il arrivé aux mêmes résultats que moi.

Acide hippurique $C^{18}H^8AzO^5,HO.$

État naturel. — Cet acide se rencontre principalement dans l'urine des herbivores. Il existe à l'état normal dans l'urine de l'homme ; mais en faible quantité, de $0^{gr},30$ à $0^{gr},40$ dans les vingt-quatre heures. Cette quantité peut être augmentée par l'ingestion de certains aliments végétaux, les prunes, les mûres, les baies de myrtille ; l'acide benzoïque, l'essence d'amandes amères produisent les mêmes résultats. L'acide benzoïque est facilement transformé dans l'économie en acide hippurique. Il n'y a pas d'acide benzoïque dans les fruits dont nous venons de parler ; mais de l'acide quinique $C^{14}H^{12}O^{12}$. Ce dernier se transforme dans l'économie en acide benzoïque $C^{14}H^6O^4$ lequel est lui-même éliminé à l'état d'acide hippurique.

L'acide hippurique est incolore et inodore. Il possède une légère saveur amère. Il se dissout dans 600 parties d'eau froide, est plus soluble dans l'eau bouillante et l'alcool ; cette solution rougit le tournesol. Chauffé dans un tube de verre, il fond en un liquide qui se prend par refroidissement en une masse cristalline. Chauffé plus fortement il se décompose, il se dégage de l'acide benzoïque qui se sublime, du benzoate d'ammoniaque et un liquide rouge oléagineux.

Bouilli longtemps avec un acide énergique, il absorbe les éléments de deux molécules d'eau et se dédouble en acide benzoïque et glycocolle (Dessaignes).

$$C^{18}H^8AzO^5 \cdot HO + 2HO = C^{14}H^6O^4 + C^4H^5AzO^4$$
A. hippurique.   A. benzoïque. Glycocolle.

Par l'action des ferments, l'acide hippurique éprouve encore la même décomposition et fournit de l'acide benzoïque, c'est ce qui explique pourquoi l'on ne trouve d'acide hippurique que dans l'urine fraîche ; la matière animale détermine le développement des ferments et par suite le dédoublement de l'acide hippurique.

Si l'on fait agir à l'ébullition l'acide azotique concentré sur l'acide hippurique et qu'on chauffe le résidu, il se dégage une odeur caractéristique de nitrobenzine ; cette réaction qui se produit également avec l'acide benzoïque peut servir à constater la présence de ces deux acides. L'acide cinnamique donne dans les mêmes conditions une odeur peu différente.

Extraction. — Pour préparer cet acide on concentre sans la faire bouillir de l'urine fraîche de cheval jusqu'au huitième de son volume; on y verse de l'acide chlorhydrique et par le repos l'acide hippurique se sépare en longues aiguilles.

En opérant de cette façon, une partie de l'acide peut être décomposée par l'action prolongée de la chaleur, aussi est-il préférable de saturer l'urine fraîche avec un lait de chaux; on porte à l'ébullition et on filtre. On concentre ensuite l'urine à 1/10 de son volume et on met l'acide hippurique en liberté par l'action de l'acide chlorhydrique. On le purifie par une nouvelle dissolution dans l'eau de chaux, et une seconde précipitation.

Recherches dans l'urine. — Meismer fait précipiter par l'eau de baryte 1 kilog. d'urine; on enlève l'excès de baryte par quelques gouttes d'acide sulfurique et on filtre. On évapore ensuite en consistance de sirop et on agite dans un flacon à l'émeri avec 200 cent. cubes d'alcool absolu; les hippurates seuls se dissolvent. On enlève l'alcool par évaporation, on acidifie avec de l'acide chlorhydrique et on agite avec 100 cent. cubes d'éther, qui s'empare de l'acide hippurique mis en liberté. On purifie l'acide obtenu en le transformant en sel de chaux qu'on décompose ensuite.

Dans l'urine humaine on rencontre encore mais en très-faible quantité quelques autres acides : L'acide *phénique* dont la présence a été signalée par Staëdeler et trois autres bien moins connus : les acides *taurilique, damalurique* et *damalique.*

On a signalé encore, mais accidentellement, dans l'urine, la présence de l'acide lactique, acétique, butyrique et sulfhydrique.

Créatinine $C^8 H^7 Az^5 O^2$

Carbone	42,48
Hydrogène	6,19
Azote	37,17
Oxygène	14,16
	100,00

Cette base a été découverte par Liebig, puis par Pettenkofer dans le précipité produit par le chlorure de zinc dans l'urine concentrée. Liebig l'a rencontrée en même temps que la créatine et pensa que ces deux corps existaient dans l'urine. Heintz démontra plus tard que dans l'urine fraîche il n'y a pas de créatine; mais qu'elle se forme aux dépens de la créatinine par suite de l'absorption de l'eau, fait qui a été confirmé plus tard par les recherches de M. Dessaignes; la créatine se trouve normalement dans le suc des muscles, et par soustraction d'eau peut être facilement transformée en créatinine.

La créatinine cristallise en prismes incolores, doués d'une saveur alcaline, solubles dans 11 parties 1/2 d'eau. C'est une base énergique qui bleuit le papier rouge de tournesol et déplace l'ammoniaque de ses combinaisons; elle forme avec les acides des sels bien définis. L'azotate d'argent et le chlorure de mercure la précipitent.

Le chlorure de zinc, en solution concentrée, forme immédiatement un précipité cristallin de chlorure double $C^8H^7Az^5O^2, ZnCl$; ce précipité est insoluble dans l'alcool, aussi est-il préférable d'employer le chlorure de zinc en solution alcoolique.

L'azotate de bioxyde de mercure en présence du carbonate de soude forme avec la créatinine une combinaison

$$C^8H^7Az^5O^2, AzO^5, 2HgO.$$

Recherche qualitative. — On neutralise au moins 300 cent. cubes d'urine fraîche avec un lait de chaux; puis on précipite les phosphates par le chlorure de calcium. Après séparation du précipité le liquide est évaporé au bain-marie en consistance de sirop épais. On épuise par l'alcool très-concentré, on filtre et on laisse en contact avec une solution saturée de chlorure de zinc. On agite fortement, la liqueur se trouble et au bout de quarante-huit heures la séparation du chlorure double est complète. On jette sur un filtre et on lave à l'alcool.

Pour isoler la créatinine, on fait bouillir avec de l'hydrate d'oxyde de plomb, récemment précipité, le chlorure double ainsi obtenu. On décolore la liqueur en la faisant bouillir avec du charbon animal, puis on évapore à siccité.

Le résidu ainsi obtenu est un mélange de créatine et de créatinine. On le traite par l'alcool absolu qui ne dissout que la créatinine et l'abandonne en beaux cristaux par l'évaporation.

Si l'urine contient de l'albumine, il faut commencer par l'en débarrasser.

Ainsi préparée, la créatinine est caractérisée par sa forte basicité, sa tendance à former des combinaisons doubles avec les sels métalliques, notamment le chlorure de zinc ; et enfin par sa forme cristalline.

$$Créatine \quad C^8 H^8 Az^5 O^4 + 2HO$$

Carbone	36,64
Hydrogène	6,87
Azote.	32,06
Oxygène	24,43

Elle se trouve dans le suc des muscles qui en contient en moyenne $2^{gr}\,{}^0/_{00}$. Nous avons vu comment on expliquait sa présence dans l'urine.

On ne connaît rien de bien précis sur l'importance physiologique de cette substance. Ayant égard à son existence dans les muscles et à sa grande richesse en azote, on serait tenté de la considérer comme un élément nutritif ; mais sa facile décomposition en urée, créatinine et sarkosine l'assimile plutôt à un produit de séparation qui constitue en quelque sorte un terme moyen entre les substances d'une complication atomique très-grande (*substances protéiques*) et les matières de composition très-simple (*urée*) (Neubauer).

Préparation. — On hache la viande et on la chauffe au bain-marie avec une fois et demi son volume d'alcool ; on presse et on épuise de nouveau le résidu. On distille pour retirer l'alcool et on précipite par le sous-acétate de plomb. On fait passer dans le liquide filtré un courant d'hydrogène sulfuré. Après nouvelle filtration le liquide évaporé en consistance de sirop laisse déposer au bout de quelques jours des cristaux de créatine impure. On les purifie par une nouvelle cristallisation dans l'eau bouillante en présence du noir animal.

Liebig fait étendre d'eau le suc des muscles; on coagule l'albumine; on filtre et on amène en consistance d'extrait. Cet extrait est traité par l'eau de baryte qui le rend alcalin et précipite en même temps les phosphates. On filtre de nouveau et le liquide concentré laisse cristalliser la créatine.

La créatine cristallise en prismes incolores transparents et très-brillants : sa saveur est amère; elle est soluble dans 75 parties d'eau froide; si cette solution est évaporée lentement au bain-marie, la créatine se transforme en créatinine.

M. Dessaignes a réussi à la combiner avec les acides sulfurique, azotique, et a obtenu des sels cristallisables. — Les acides minéraux étendus la dissolvent sans la décomposer; mais bouillie avec les acides concentrés, elle perd de l'eau et se transforme en créatinine.

$$C^8 H^9 Az^3 O^4 - 2Ho = C^8 H^7 Az^3 O^2$$
Créatine.   Créatinine.

Elle n'est précipitée par le chlorure de zinc qu'en solution concentrée.

M. Engel (comptes rendus) a vu que si l'on verse de l'azotate d'argent dans une solution de créatine en excès, puis un peu de potasse on obtient un précipité blanc qui se redissout dans un excès de potasse.

Si, toujours d'après le même auteur, dans une solution de créatine en excès on ajoute du sublimé corrosif, puis de la potasse, on obtient au bout de quelques instants un précipité cristallin blanc, insoluble dans un excès de potasse.

Si l'on verse goutte à goutte dans une solution de créatine, additionnée d'un excès de potasse, du sublimé corrosif; il se forme le précipité blanc tant qu'il y a de la créatine, puis une coloration jaune d'oxyde de mercure. M. Engel fait servir cette réaction au dosage de la créatine.

MATIÈRES COLORANTES DE L'URINE.

L'histoire des matières colorantes de l'urine est encore très-peu connue malgré les nombreux travaux qui ont été faits sur ce sujet.

D'après Tudichum, l'urine ne renferme normalement qu'une matière colorante jaune, à laquelle il a donné le nom d'urochrôme.

Urochrôme. — Pour l'extraire, on verse dans l'urine de l'hydrate de baryte jusqu'à réaction alcaline, puis une solution saturée d'acétate de baryte. Après un repos suffisant, on précipite le liquide filtré par l'acétate neutre de plomb et l'ammoniaque. Ce précipité est lavé, puis trituré avec de l'acide sulfurique étendu. On filtre de nouveau le liquide qui résulte de cette opération et on y sature l'excès d'acide sulfurique avec du carbonate de baryte; après nouvelle filtration on rend alcalin avec de l'eau de baryte dont on enlève ensuite l'excès par un courant d'acide carbonique. On filtre et on précipite par une solution d'acétate de mercure. Ce précipité, bien lavé, doit avoir une couleur jaune. Dans le cas contraire, on le décompose par l'hydrogène sulfuré et on le précipite de nouveau par l'acétate de plomb.

Pour isoler en dernier lieu l'urochrôme, on décompose par l'hydrogène sulfuré la combinaison mercurielle jaune. La dissolution retient alors de l'acide chlorhydrique et acétique. On enlève le premier en agitant avec de l'oxyde d'argent précipité. En filtrant on obtient une solution qui renferme l'urochrôme et l'acétate d'argent; on élimine ce dernier par l'hydrogène sulfuré, et le liquide évaporé donne l'urochrôme.

Cette matière se présente sous forme de croûtes jaunes en partie solubles dans l'eau qu'elle colore; difficilement soluble dans l'alcool et encore plus dans l'éther. Peu à peu sa solution se trouble et laisse déposer des flocons résineux. Elle est précipitée par l'azotate d'argent, l'acétate de plomb et de mercure. Sa solution aqueuse exposée à l'air prend peu à peu une teinte rouge; l'urochrôme présente le même phénomène. C'est cette matière ainsi oxydée qui se dépose avec les urates et les colore en rouge.

Uroérythrine. — On a donné ce nom à la matière qui colore les urates et l'acide urique lorsqu'ils se déposent dans l'urine : elle provient d'une oxydation de l'urochrôme. On la sépare en traitant les dépôts desséchés par l'alcool bouillant : on précipite par le sous-acétate de plomb, et on décompose par le carbonate de soude.

Certaines urines présentent une coloration bleue due à une matière particulière, l'*indicane*, qui paraît exister normalement mais augmente dans certaines affections.

Pour obtenir l'indicane, on traite l'urine par le sous-acétate de plomb et on rejette ce premier précipité. Dans le liquide filtré on verse de l'ammoniaque; le précipité qui se produit est divisé dans l'alcool et décomposé par un courant d'hydrogène sulfuré. On filtre et on évapore le liquide alcoolique, en ayant soin de terminer cette opération dans le vide et en présence de l'acide sulfurique. On obtient ainsi un mélange d'indicane et de sucre. On dissout dans l'eau et on agite avec de l'oxyde de cuivre précipité : après filtration on fait passer un courant d'hydrogène sulfuré. On agite avec de l'éther qui, par évaporation, abandonne l'indicane sous forme d'un sirop brun (Méhu, *Chimie méd.*).

C'est l'indicane qui, par oxydation produit de l'indigo bleu.

$$C^{32}H^{35}AzO^{36} + 2O = C^{16}H^{5}AzO^{2} + 3\,C^{12}H^{10}O^{12}$$

Indicane.　　　　　Indigotine.　　Indirubine.

Là même transformation a lieu par l'action des acides avec formation d'*indigo rouge* ou *urrhodine* (Heller) et d'*indiglucine*, sucre qui réduit la liqueur de Felhing.

La putréfaction de l'urine produit le même résultat; mais le sucre qui se produit agissant comme agent réducteur, il se fait de l'indigo blanc. Ce n'est qu'au contact de l'air qu'on voit apparaître à la surface de l'urine des irisations violettes ou rouges.

Pour rechercher si une urine contient de l'indicane, il suffit de la faire bouillir avec un peu d'acide chlorhydrique; il se forme de l'indigo bleu qui se dépose par refroidissement. On peut aussi suivre la marche déjà indiquée : précipiter l'urine par le sous-acétate de plomb, puis par l'ammoniaque : ce second précipité contient l'indicane s'il y en a. En le lavant à l'acide chlorhydrique, il se forme du chlorure de plomb et de l'indigo bleu. Par le lavage, on entraîne cet indigo et on peut le recevoir sur un petit entonnoir garni d'un tampon d'amiante. Si il n'y a que des traces d'indigo; il se formera à la surface du liquide filtré une pellicule qui deviendra très-visible au bout de quelques jours.

Lorsque l'on chauffe avec l'acide chlorhydrique certaines urines albumineuses ou des liquides provenant d'épanchements, il se produit une coloration bleue résultant de l'action de cet acide sur les matières albuminoïdes et qu'il ne faut pas confondre avec l'indigo. C'est pour cette raison qu'il est préférable d'extraire directement l'indicane.

Uroglaucine. — *Indigo bleu.* — $C^{16}H^{5}AzO^{2}$

Souvent l'urine présente une coloration bleue et laisse déposer l'indigo; cette substance provient de la décomposition de l'indicane par la fermentation de l'urine. Il forme tantôt des croûtes irisées à la surface, tantôt se dépose au fond du vase sous forme d'une poudre bleue qui, examinée au microscope, se présente en beaux cristaux d'un bleu pur.

Cet indigo est insoluble dans l'eau, soluble dans l'alcool concentré et bouillant qu'il colore en bleu. Cette dissolution se décolore peu à peu au contact de l'air et laisse déposer des cristaux très-fins et incolores d'indigotine. Chauffé brusquement, il donne des vapeurs violettes et un sublimé d'indigotine. Les acides étendus ne le dissolvent pas; il est soluble dans l'acide sulfurique concentré.

Sa dissolution se transforme en indigo blanc par l'action des agents réducteurs (proto-sulfate de fer — glucose et potasse), car l'indigo bleu n'est que le produit de l'oxydation de l'indigo blanc.

$$C^{16}H^6AzO^2 + O = C^{16}H^5AzO^2 + HO$$

Indigo blanc.   Indigo bleu.

L'acide azotique décolore facilement la solution sulfurique d'indigo en la faisant passer au jaune. C'est pour cette cause qu'il ne faut pas se servir de cet acide pour les recherches de l'indicane, car le moindre excès, surtout à chaud, décolorerait l'indigo formé.

PRINCIPAUX ÉLÉMENTS INORGANIQUES DE L'URINE.

Chlorure de sodium. — Nacl. — C'est à l'état de chlorure de sodium que se trouve presque tout le chlore contenu dans l'urine; la moyenne de ce sel éliminée dans les vingt-quatre heures varie de 10 à 18 grammes.

Le réactif le plus simple pour déceler dans l'urine la présence du chlore est l'azotate d'argent; si l'urine est ammoniacale, on opère cette recherche en présence d'un excès d'acide azotique. Le chlorure de potassium accompagne toujours celui de sodium et se dose simultanément. Ce dosage peut s'effectuer de diverses manières.

Dans une petite capsule de platine on pèse 10 gr. d'urine à laquelle on ajoute 2 gr. d'azotate de potasse et l'on évapore doucement jusqu'à siccité ; on chauffe ensuite graduellement jusqu'au rouge de façon à faire déflagrer ; mais sans projection. Le résidu qui doit être parfaitement blanc est dissous dans l'eau aiguisée d'acide azotique et additionné de nitrate d'argent. On pèse le chlorure formé en prenant les précautions nécessaires.

On peut aussi doser le chlore au moyen d'une solution titrée de nitrate d'argent qui contient $27^{gr},075$ de ce sel par litre et précipite exactement son volume d'une solution de chlorure de sodium à 1 p. 100. On commence par évaporer 10 cent. cubes d'urine comme précédemment et le résidu dissous dans l'eau est fortement aiguisé par l'acide azotique et additionné d'une goutte de chromate de potasse. L'apparition du chromate rouge d'argent indique que tout le chlore a été précipité.

On peut à la rigueur opérer directement sur l'urine pourvu qu'elle ne soit pas albumineuse.

SULFATES.

Il résulte des expériences de Vogel qu'un adulte élimine en moyenne $2^{gr},09$ d'acide sulfurique en vingt-quatre heures. Les sulfates pris à l'intérieur sont complétement éliminés par l'urine. Le soufre augmente également la richesse de l'urine en sulfates, et il n'est pas douteux que le soufre des matières protéiques s'oxyde dans l'économie et soit éliminé à l'état de sulfate ; celui de chaux est le seul que l'on rencontre dans l'économie.

On reconnaît la présence des sulfates au précipité qui forme dans l'urine un sel soluble de baryte. Ce précipité est insoluble dans l'acide azotique, et calciné avec du charbon il doit donner du sulfure, lequel dégage de l'hydrogène sulfuré par l'action d'un acide et noircit les sels de plomb.

On dose les sulfates en précipitant par le chlorure de baryum

en liqueur rendue acide par l'acide chlorhydrique. Le précipité
est recueilli sur un filtre, lavé et desséché. On incinère le filtre
à part; on ajoute le précipité et l'on calcine.

Le poids du précipité multiplié par $0^{gr},34\,335$ donne la
quantité d'acide sulfurique anhydre.

On peut aussi opérer par liqueurs titrées.

PHOSPHATES.

L'acide phosphorique se présente sous trois états essen-
tiellement différents suivant les proportions d'eau avec lesquelles il est combiné; si cette eau est remplacée par
1, 2, 3 équivalents de base, on obtient des métaphosphates,
des pyrophosphates et des phosphates ordinaires. Dans l'économie nous ne rencontrons que ces deux derniers, les phosphates bibasiques et tribasiques.

Dans l'urine on rencontre le phosphate acide de soude, qui
est, avons-nous dit, la cause de l'acidité de ce liquide; dans les
vingt-quatre heures la quantité d'acide phosphorique éliminée
varie de 1 à 3 gr. Les caractères chimiques du phosphate acide
de soude sont assez simples. Ce sel est soluble dans l'eau, ne
se décompose pas par la chaleur seule; mais en présence du
charbon une partie de son acide est réduite et donne du phos-
phore. Il est précipité par les sels de baryte. Il forme avec la
chaux et la magnésie des précipités solubles dans l'acide acétique. Aussi dans l'urine nous trouvons les phosphates de chaux
et de magnésie dissous à la faveur des acides libres ou des sels
acides que renferme ce liquide. Lorsqu'on neutralise l'urine
avec l'ammoniaque, le phosphate de chaux se précipite sans
modification; mais le phosphate de magnésie se combine avec
l'ammoniaque pour former du phosphate ammoniaco-magnésien. C'est cette réaction qui occasionne la formation des sédiments dans l'urine. En effet, par suite de la décomposition

spontanée de l'urée il se produit du carbonate d'ammoniaque, qui neutralise l'urine et détermine la précipitation des phosphates.

Réaction. — Le perchlorure de fer donne dans une solution de phosphate acidulée par l'acide acétique un précipité jaunâtre gélatineux de-phosphate de peroxyde de fer, soluble dans tous les autres acides. S'il y a un autre acide de libre dans la liqueur, il suffit d'ajouter avant le perchlorure de fer de l'acétate de soude et de l'acide acétique; de cette façon la liqueur est constituée par une solution acétique dans laquelle le phosphate de fer est insoluble.

L'acétate ou l'azotate d'urane donne avec un phosphate soluble dans l'eau ou dans l'acide acétique un précipité jaune de phosphate d'urane. En présence de l'ammoniaque le précipité renferme de cette base. Il est soluble dans les acides minéraux.

' Les phosphates de chaux et de magnésie se trouvent en dissolution dans l'urine acide, ainsi que nous l'avons déjà dit. Dans les vingt-quatre heures un adulte élimine de 0,9 à 1 gr. de phosphates terreux. Pour les rechercher dans l'urine, il n'y a qu'à la traiter par l'ammoniaque.

Pour examiner si l'urine, en plus de l'acide phosphorique combiné avec la chaux et la magnésie, n'en contient pas d'autre (phosphate acide de soude), il suffit de filtrer après la précipitation par l'ammoniaque, puis d'acidifier avec l'acide acétique et de verser du perchlorure de fer. Ce réactif décèle l'acide phosphorique qui peut exister à l'état de phosphate neutre de soude.

Le phosphate ammoniaco-magnésien se dépose en cristaux volumineux dans une urine devenue ammoniacale; ce n'est donc pas, à proprement parler, un produit normal.

Sa formule est $2MgO, AzH^4O, PhO^5, + 12\,aq$. Il est insoluble dans l'eau, surtout dans l'eau ammoniacale, soluble dans les acides minéraux et l'acide acétique. Par la calcination il dégage de l'ammoniaque comme le font l'acide urique et les matières albuminoïdes; mais bien plus facilement que ces derniers, il s'en différencie du reste parce qu'il dégage encore ce gaz par l'action de la potasse ou de la soude. L'examen microscopique est caractéristique. Il se dépose en cristaux volumineux, prismatiques, dits cristaux 'en tombeaux, ou en aiguilles fines qui se groupent en étoiles à six branches; cette dernière forme ne se présente que lorsqu'on le précipite artificiellement.

Dosage. — Si le phosphate est en dissolution comme dans l'urine, on commence par s'assurer que la liqueur n'est pas acide; on la rend alors légèrement alcaline ou tout au moins neutre, puis on y verse une solution de sulfate de magnésie ammoniacale (sulfate de magnésie, 30; chlorhydrate d'ammoniaque, 30; eau distillée, 150; ammoniaque, 80), puis un excès d'ammoniaque; on agite et on laisse déposer vingt-quatre heures. Le phosphate ammoniaco-magnésien formé est jeté sur un filtre, lavé à l'eau ammoniacale et desséché. On le chauffe ensuite au rouge en prenant la précaution d'incinérer le filtre à part. On obtient ainsi du pyrophosphate de magnésie dont 100 parties représentent 63,96 d'acide phosphorique anhydre, et 208,94 de phosphate ammoniaco-magnésien cristallisé.

Si l'on avait à opérer sur des pyrophosphates ou des métaphosphates, il faudrait commencer par les transformer en phosphates neutres en les chauffant avec un excès d'alcali.

Si le phosphate est insoluble dans l'eau, on le dissout dans l'acide chlorhydrique, puis on sature par l'ammoniaque jusqu'à formation d'un léger précipité que l'on redissout avec quelques gouttes d'acide acétique. Le chlorhydrate d'ammoniaque se trouve ainsi tout formé et l'on termine comme précédemment.

Ce procédé est d'une exécution facile, exact; mais malheureusement un peu long.

On peut aussi doser à l'état de phosphate d'urane. Il faut

pour cela que les phosphates soient dissous dans l'acide acétique; s'il y a de l'acide chlorhydrique ou azotique, il faut
évaporer à siccité : on ajoute ensuite de l'ammoniaque, puis de
l'acide acétique; on porte à l'ébullition, et on verse de l'acétate d'ammoniaque et de l'acétate d'urane. Il se dépose peu à
peu un précipité jaune de phosphate d'ammoniaque et d'urane.
On le recueille et on le calcine. Si ce précipité offre une teinte
verdâtre, c'est qu'il a été réduit en partie à l'état de protoxyde;
on le chauffe alors avec un peu d'acide azotique pour lui rendre sa couleur jaune de sel de sesquioxyde $2Ur^2 O^3 Ph O^5$.

Ce mode de dosage ne peut être employé lorsque le mélange
contient des phosphates d'alumine et de fer qui sont insolubles
dans l'acide acétique.

ÉLÉMENTS ANORMAUX DE L'URINE.

Albumine. — Formule rationnelle inconnue :

Carbone	53,5
Hydrogène	7,0
Azote	15,5
Oxygène	22,05
Soufre	1,6
Phosphore	0,4
	100,000

L'albumine est la substance protéïque la plus importante
pour l'entretien de la vie, et la plus répandue dans toute l'économie. Elle forme le principal élément du sang, de la lymphe
et de tous les liquides du tissu cellulaire. A l'état normal, elle
ne passe pas dans l'urine; ce n'est que dans les affections des
reins qu'on la rencontre dans ce liquide.

Il y a plusieurs variétés d'albumine; les deux types sont
l'albumine de l'œuf et celle du sérum : l'albumine du liquide

des kystes, de l'ascite, de l'urine, ressemble beaucoup à celle du sérum. Pour préparer l'albumine, on peut battre le blanc d'œuf avec des verges, de façon à rompre le faisceau qui englobe l'albumine; on le dissout dans l'eau; on obtient ainsi un liquide qui, évaporé à 100 degrés, laisse pour résidu l'albumine brute renfermant 6,5 %, de sels fixes.

Pour obtenir l'albumine pure, on peut soumettre sa dissolution à la dialyse, ou comme l'indique M. Wurtz, la précipiter par l'acétate basique de plomb. On lave le précipité à l'eau distillée et on le met en suspension dans l'eau que l'on fait traverser par un courant d'acide carbonique. Le plomb se précipite et l'albumine se dissout dans l'eau. On filtre et on chauffe vers 60 en ajoutant quelques gouttes d'une solution d'hydrogène sulfuré, qui enlève les dernières traces de plomb, et l'albumine en commençant à se coaguler entraîne ce précipité. On filtre et on évapore à une température qui ne doit pas dépasser 40 degrés.

L'albumine doit être considérée comme un sel de soude dans lequel l'élément organique joue le rôle d'acide. Les combinaisons de l'albumine avec les sels métalliques sont des albuminates; celle de l'œuf est un bi-albuminate de soude; la caséine est de l'albuminate de potasse.

Caractères chimiques. — L'albumine du sérum constitue à l'état sec une masse jaune et vitreuse, soluble dans l'eau qu'elle rend visqueuse : Elle est identique avec celle qu'on rencontre dans l'urine; son pouvoir rotatoire est égal à — 56 (raie D.).

L'alcool produit dans les solutions d'albumine un précipité qui se redissout dans l'eau.

En présence de l'acide acétique, l'albumine est précipitée en blanc par le ferro-cyanure de potassium.

Elle se dissout à chaud, en produisant une coloration violette, dans l'acide chlorhydrique pur ou additionné d'acide sulfurique. La dissolution d'albumine soumise à l'action de la chaleur commence à se troubler vers 60 à 65 degrés; la coagulation est complète de 72 à 75. Si la solution est très-étendue, le trouble ne se produit qu'à l'ébullition. Pour que la coagulation soit complète, il faut que le liquide soit acide, car en solution alcaline ou même neutre une partie de l'albumine reste en dissolution. Dans une recherche d'albumine on devra donc commencer par verser dans la liqueur de l'acide acétique avant de la chauffer.

Si l'on mélange avec son volume d'une solution saturée de sulfate de soude, une dissolution d'albumine renfermant de l'acide acétique et qu'on porte à l'ébullition, la coagulation est complète.

L'azotate de mercure contenant des vapeurs nitreuses et obtenu en dissolvant 1 partie de mercure dans 2 parties d'acide azotique et en étendant de 4 parties et demi d'eau, constitue un réactif sensible qui coagule l'albumine; en chauffant il se produit une coloration rouge plus ou moins intense.

La plupart des sels métalliques, l'alun, le perchlorure de fer, le sublimé, coagulent l'albumine; aussi ces sels sont-ils utilisés: le perchlorure de fer pour la coagulation du sang, et le sublimé pour le dosage de l'albumine (contre-poison).

L'albumine chauffée avec une solution de sulfate de cuivre et de la lessive de soude donne une belle coloration violette.

Le tannin, l'acide phénique, picrique, précipitent également l'albumine.

Les acides minéraux, à l'exception de l'acide phosphorique hydraté, coagulent l'albumine; l'acide azotique possède cette propriété au plus haut degré. Nous avons indiqué la particularité que présente l'acide chlorhydrique.

L'acide acétique non-seulement ne précipite pas l'albumine; mais employé en excès, il empêche la coagulation à la température de 100 degrés et peut redissoudre le précipité formé.

L'action de l'acide azotique est très-importante et tout à fait spéciale; elle a été étudiée d'une façon toute particulière par le Dr Mehu. Si l'acide est très-étendu, le précipité fourni d'abord disparaît par l'agitation. Ce premier résultat peut s'expliquer par l'action de l'acide azotique sur les phosphates. Une certaine quantité d'acide phosphorique serait mise en liberté et dissoudrait l'albumine précipitée. D'après M. Mehu, il n'est point nécessaire d'invoquer l'action de l'acide phosphorique ; il résulte de ses expériences que l'albumine est précipitée par l'acide azotique comme par l'alcool, sans contracter de combinaison avec lui, et que c'est seulement dans un milieu suffisamment riche en cet acide que l'albumine devient entièrement insoluble.

Recherche de l'albumine. — On commence par filtrer l'urine et s'assurer de sa réaction. Dans le cas où elle n'est pas acide, on y verse quelques gouttes d'acide acétique et l'on chauffe dans un tube à essai, en présentant à la flamme la partie supérieure du liquide. S'il n'y a qu'une faible quantité d'albumine, il ne se produit qu'un trouble, lequel ne doit pas disparaître lorsqu'on ajoute au liquide encore chaud une certaine quantité d'acide azotique. Dans ce cas le trouble produit par la chaleur proviendrait d'un dépôt de carbonate de chaux ou de phosphates ; la dissolution a lieu avec effervescence, s'il s'agit d'un carbonate; dans le cas contraire, c'est un phosphate.

On peut aussi procéder à la recherche de l'albumine en versant dans l'urine un excès d'acide azotique. L'emploi de ce réactif demande peu de précautions. Il n'y a en effet qu'une seule cause d'erreur possible. Dans le cas d'une urine très-concentrée, il peut se produire un dépôt d'azotate d'urée; mais ce dépôt est cristallin et se dissout par l'addition d'une quantité d'eau suffisante : on ne se produit plus si l'on étend l'urine d'eau avant d'y ajouter l'acide.

Lorsqu'un individu fait usage de térébenthine ou de copahu, l'addition de l'acide azotique produit un nuage jaunâtre mais qui disparaît par l'addition d'alcool.

Dosage de l'albumine. — Nous ne connaissons encore qu'un seul moyen exact de doser l'albumine : la balance.

1° *Coagulation par la chaleur.* — On commence par filtrer l'urine et d'après sa richesse présumée on fait une prise de 50 à 200 cent. cubes (si l'urine est très-chargée on en prend 25 cent. cubes et l'on étend d'eau pour parfaire les 200 cent. cubes, il est préférable d'opérer la coagulation sur ce volume, le précipité se forme mieux et est plus facile à laver), puis on y verse de l'acide acétique goutte à goutte jusqu'à réaction franchement acide. On chauffe alors jusqu'à l'ébullition que l'on maintient une à deux minutes. Le coagulum doit nager dans un liquide clair. On le jette sur un petit filtre taré, on lave à l'eau distillée et on dessèche à l'étuve à 100 et même à 105 jusqu'à ce que le poids ne varie plus. Le précipité étant très-hygrométrique, il faut le laisser refroidir sur la chaux et le peser entre deux verres de montre.

L'albumine en se coagulant entraîne avec elle un peu de matière colorante qui en augmente le poids, mais d'une faible quantité.

On peut substituer avec avantage à ce procédé celui indiqué par le Dr Mehu, dans le *Journal de pharmacie et de chimie* (février 1869). L'auteur met à profit la propriété que possède l'acide phénique, de précipiter l'albumine sans se combiner avec elle.

Il se sert d'une liqueur ainsi composée :

Acide phénique. . . . . 1 partie en poids
Acide acétique de commerce. 1 partie
Alcool à 90 . . . . 2 parties

10 cent. cubes de cette solution peuvent se dissoudre dans 100 cent. cubes d'eau ou d'urine.

On mesure 100 cent. cubes d'urine et on y verse 2 cent. cubes d'acide azotique, puis 20 de la solution phénique. On agite de façon à bien diviser le précipité formé et on le recueille

sur un filtre. On lave le vase et le précipité à l'eau phéniquée et
on fait dessécher à l'étuve. Pour une bonne opération le poids
de l'albumine ne doit pas dépasser 0^{gr},50.

Les avantages de cette méthode sont faciles à saisir : la
précipitation se fait à froid, elle est complète ; l'albumine n'entraîne pas avec elle de matière colorante, et enfin tous les éléments du réactif sont volatils et le lavage en est facile. C'est
le seul procédé auquel on doit avoir recours pour une analyse
exacte.

Ce même réactif peut servir à décéler des traces d'albumine
qui pourraient échapper à un autre mode d'investigation. On
commence par aciduler l'urine avec un peu d'acide acétique et
on la sature de sulfate de soude. Après filtration on ajoute 2 à
3 p. 100 d'acide azotique, puis 1/10e du volume total de la
solution phénique ; on agite vivement, et, pour peu que le
liquide contienne de l'albumine, il se troublera ; le précipité se
rassemble au fond du verre après un repos suffisant. On peut
sur ce précipité vérifier les réactions caractéristiques de l'albumine : coloration jaune par l'acide azotique bouillant, dissolution par l'acide acétique et coloration rouge par le réactif de
Milon.

Le dosage de l'albumine par le polarimètre serait commode
pour un essai clinique ; malheureusement, il ne peut être employé dans un grand nombre de cas et présente peu d'exactitude. Il faut que l'urine soit assez riche en albumine et assez
transparente pour se prêter à ce genre d'examen. Si l'on fait
usage du tube de 0^m,20, chaque division de l'instrument correspond à 1 gr. d'albumine par 100 cent. cubes. On peut,
pour clarifier l'urine, la chauffer soit avec un peu d'acide
acétique, ou une solution de carbonate de soude, ou encore un lait de chaux ; et cela sans modifier son pouvoir rotatoire.

Méthodes volumétriques. — Signalons seulement pour mé-
moire un procédé indiqué par Bödeker, et qui repose sur ce

fait que l'albumine en solution acétique est entièrement précipitée par le ferrocyanure de potassium.

M. Tanret a indiqué dans sa thèse un procédé de dosage
basé sur la précipitation de l'albumine par l'iodure double de
potassium et de mercure.

Tous les sels solubles de mercure précipitent l'albumine et en
même temps l'urée. L'iodure double de potassium et de mercure fait exception. Il précipite l'urée en solution alcaline, tandis qu'en solution très-acide il ne précipite que l'albumine,
avec laquelle il forme une combinaison : Alb, Hg I.

La solution employée par M. Tanret est fondée sur la
réaction :

$$2KI + HgCl = HgI,KI + KCl.$$

Voici sa formule :

Iodure de potassium. . . . $3^{gr},32$
Bichlorure de mercure. . . $1^{gr},35$
Acide acétique. . . . . . . 20 cent. cubes.
Eau distillée q. s. pour faire 64 cent. cubes.

L'acide acétique dispense d'aciduler à chaque fois l'urine.
Avec cette solution (*liqueur titrante*), l'auteur emploie la
liqueur *témoin*, faite avec

Eau distillée. 100
Sublimé. 1

L'iodure double de mercure et de potassium est décomposé
tant qu'il y a de l'albumine dans la liqueur, et de l'iodure de
potassium est mis en liberté. Si on essaye alors avec la liqueur
témoin ; l'iodure de potassium, l'albumine et le sublimé étant les
éléments nécessaires pour former le composé Alb,HgI, il ne se
produit pas d'iodure rouge de mercure. Mais quand on a versé
un excès de liqueur titrante, alors le sublimé ajouté donne une
coloration qui indique la fin de l'opération. Un demi-centigr.
d albumine est précipité par une goutte du réactif.

Mode opératoire. — On prend 10 c.c. d'urine filtrée et on y verse goutte à goutte la liqueur titrante, en ayant soin d'agiter chaque fois. Quand le précipité, qui s'était d'abord redissous dans l'albumine en excès, devient stable, on essaye, après chaque nouvelle addition, si une goutte mise sur une soucoupe de porcelaine ne donne pas un précipité jaunâtre avec une goutte de liqueur témoin. Quand on y est arrivé, du nombre de gouttes employées on retranche trois, et le reste représente autant de fois 50 centigr. d'albumine par litre. Trois gouttes étant nécessaires pour faire apparaître nettement le précipité, on voit pourquoi il faut les retrancher.

Si l'urine à analyser est alcaline et l'albumine en petite quantité, il faut auparavant l'aciduler.

Si l'urine contient plus de 5 gr. d'albumine par litre, il est nécessaire de l'étendre d'eau.

Les résultats donnés par ce procédé ne sont pas aussi précis que par la méthode des pesées, parce que l'on ne dose que par $0^{gr},50$, 1, 1,50, 2, 2,50, etc., mais ils sont bien suffisants pour un essai clinique; d'autant plus que la mise à exécution est aussi facile que rapide.

Dans le cas où le malade aurait pris des alcaloïdes (sulfate de quinine), le réactif donnerait un précipité qu'il serait facile de distinguer de celui produit par l'albumine. En effet, le précipité alcaloïde se redissout à chaud dans la liqueur où il s'est formé; il est aussi soluble dans l'alcool, caractères que ne présente pas le précipité dû à l'albumine.

Il nous reste maintenant à parler de quelques procédés purement cliniques, qui indiquent seulement la variation de l'albumine plutôt qu'un chiffre exact. Tous ces procédés sont basés sur le volume occupé par le dépôt d'albumine au bout d'un certain temps, ou sur l'opacité de ce dépôt.

L'instrument le plus simple et le plus pratique est celui de M. Potain. Il consiste en deux tubes de verre, placés verticalement l'un à côté de l'autre. Dans l'un, on dispose une lame de verre opale, baignée dans l'eau, et dans l'autre on place de l'eau bouillante, dans laquelle on fait tomber goutte à goutte de l'urine albumineuse. On place un fil derrière chacun des tubes, et l'on arrête l'addition d'urine au moment où le fil présente la même apparence dans les deux tubes. Il est évident que la quantité d'urine employée est en raison inverse de sa richesse en albumine.

Un procédé connu de tous consiste à placer dans une éprouvette graduée un certain volume d'urine et à le précipiter par la moitié de son volume d'acide azotique ; on observe la hauteur du dépôt après 24 heures, et l'on peut faire ainsi des essais comparatifs, suffisants dans la plupart des cas.

En se basant sur ce principe, M. Esbach a décrit plusieurs modifications de ce procédé. Ces variantes ne présentent aucun avantage sur la méthode de M. Potain. Comme liquide précipitant, l'auteur se sert d'une solution aqueuse d'acide picrique additionnée d'acide acétique.

Sucre :

		Anhydre		Cristallisé
Carbone, . . .		40,00		36,36
Hydrogène. .		6,66		7,07
Oxigène.. . .		53,34		56,57
		100,00		100,00

Formule : $C^{12}H^{12}O^{12}$ $\qquad$ $C^{12}H^{12}O^{12} + 2$ aq.

Le sucre que l'on trouve dans l'économie, soit à l'état normal, soit à l'état pathologique, est identique avec le sucre de raisin. On le rencontre dans le contenu de l'intestin grêle et dans le chyle, à la suite de l'ingestion d'aliments sucrés ou féculents. Il existe aussi dans le sang, notamment celui de la veine hépatique ; celui de la veine porte n'en renferme pas (Claude Bernard), ce qui prouve que sa formation doit avoir lieu dans le foie. Comme à l'état normal, on ne retrouve pas de sucre dans les produits d'excrétion de l'organisme ; on est bien forcé d'admettre qu'il éprouve une série de transformations dont le dernier terme est l'acide carbonique et l'eau.

L'urine à l'état normal en renferme des traces : 0,50 par litre environ ; mais il y apparaît en quantité souvent considé·· rable dans le diabète sucré ; on le retrouve alors dans presque outes les sécrétions, salive, sueurs ; sa quantité est augmentée dans le sang. On peut chez les animaux faire apparaître le sucre dans l'urine en blessant certaines parties de la moelle allongée.

Le *sucre de diabète*, *glycose* ou *sucre de raisin* cristallise en masses confuses mamelonnées, qui consistent en lamelles groupées en choux-fleurs. Il est blanc quand il est très-pur ; sa saveur est moins sucrée que celle du sucre de canne, et il est aussi moins soluble dans l'eau. Il se dissout assez bien dans l'alcool, mais pas dans l'éther. Il est sans action sur le papier de tournesol.

La dissolution dévie à droite la lumière polarisée. Son pou-- voir rotatoire est égal à $+ 53,5$ (D. r. jaune). Il est plus considérable lorsque la dissolution est récente ; mais, peu à peu à froid et rapidement à chaud, il s'abaisse au chiffre qui vient d'être indiqué (Hoppe-Seyler).

La glucose fond vers 100°, et perd à cette température son eau de cristallisation. Mise en contact avec la levûre de bière, elle fermente immédiatement, ce qui la distingue du sucre de canne et de lait. Le produit de cette fermentation est de l'acide carbonique et de l'alcool.

$$C^{12}H^{12}O^{12} = 4\ Co^2 + 2\ C^4H^6O^2.$$

Mise en contact avec les substances azotées, elle subit la fer--

mentation lactique et plus tard butyrique. Aussi dans l'urine diabétique elle se transforme peu à peu à la température ordinaire et plus rapidement vers 35° à 40° en acide butyrique, acétique et lactique.

Ce sucre se combine avec la potasse et la soude caustique pour former le composé $2\,KO, C^{12}H^{12}O^{12}$, qui brunit fortement lorsqu'on vient à le chauffer. Cette réation est utilisée pour la recherche de la glycose. La chaux se combine également pour former du saccharate de chaux.

Le sucre de raisin forme avec le sel marin une combinaison curieuse désignée sous le nom de glucosate de sel marin de Calloud, $2\,C^{12}H^{12}O^{12}, NaCl + 2\,Ho$. On l'obtient en abandonnant à l'évaporation spontanée une solution des deux corps.

Si l'on fait bouillir avec de la glucose une solution alcaline de carmin d'indigo dans le carbonate de soude, elle se colore d'abord en vert, puis en rouge et en jaune suivant la quantité de sucre. Si l'on agite la solution jaune encore chaude, de façon à ce que l'oxygène de l'air puisse agir, le changement de couleur se produit en sens inverse, rouge, vert et bleu. (Mulder.)

Si l'on ajoute de la potasse à une dissolution de sulfate de cuivre, il se produit un précipité soluble dans un excès de potasse ; ce liquide chauffé avec de la glucose donne lieu promptement à la formation d'un précipité rouge de protoxyde de cuivre. L'acide urique et le mucus produisent la même réaction.

Préparation. — Souvent on a besoin de glucose pure pour préparer des solutions titrées. On se la procure en étendant sur des plaques de plâtre ou des briques, du miel grenu du Gâtinais. Toute la partie liquide est absorbée. On dissout le résidu dans l'alcool bouillant et on décolore par le noir animal. On filtre et on fait cristalliser plusieurs fois.

Pour extraire le sucre d'une urine, on évapore ce liquide en couches minces et au bain-marie, jusqu'à consistance de sirop ; on le conserve dans un endroit frais ; au bout de quelques jours le sucre cristallise. On exprime dans une toile; puis on dissout dans l'alcool bouillant en présence du noir animal et on fait cristalliser.|

On peut aussi commencer par précipiter l'urine par le sous-acétate de plomb; on sépare ainsi les urates, les chlorures, les phosphates et les matières colorantes; on filtre: on enlève l'excès de plomb par un courant d'hydrogène sulfuré; on filtre de nouveau et l'on concentre. On obtient ainsi par une première opération un sucre moins coloré.

RECHERCHE DANS L'URINE.

Il y a assez grand nombre de moyens de s'assurer si une urine renferme du sucre.

1° *Par le sous-azotate de bismuth.* — On verse dans un tube à essai l'urine avec un volume égal d'une solution de carbonate de soude (trois parties dans une partie d'eau) puis une pincée du sous-azotate de bismuth et l'on porte le tout à l'ébullition. Pour peu qu'il y ait du sucre, le bismuth se colore immédiatement en gris, puis en noir, par suite d'une réduction. Il faut pour un pareil essai que l'urine ne contienne pas d'albumine, dont le soufre, en agissant sur le bismuth, le transformerait en sulfure noir.

2° *Par le sulfate de cuivre et la potasse* ou *réactif de Trommer.* — On place dans un tube à essai 4 à 5 cent. cubes d'eau; et 15 à 20 gouttes d'urine, 1⟨2 cent. cube de lessive des savonniers, et quelques gouttes d'une solution étendue de sulfate de cuivre.

Le précipité qui prend naissance se redissout; on chauffe; il se forme d'abord à la surface un précipité floconeux, jaunâtre, auquel succède bientôt un autre rouge de protoxyde de cuivre.

On prépare en même temps dans un autre tube un pareil mélange qu'on laisse en repos pendant 24 heures, s'il y a du sucre il se produira pareillement au bout de ce temps un précipité rouge. Cette contre-expérience est indispensable pour une urine peu riche en sucre ; car de toutes les substances qui peuvent réduire le sel de cuivre à chaud, il n'y a que le sucre qui puisse produire la même réaction à froid.

3° *Par les alcalis caustiques.* — On chauffe l'urine dans un petit tube à essai avec une solution ou mieux une parcelle de potasse ou de soude caustique ; suivant la quantité de sucre, l'urine se colore en jaune, brun ou noir.

4° On peut, et cet essai est le plus probant, malheureusement il n'est pas très-rapide, déterminer la fermentation du sucre au moyen de la levûre de bière.

5° On peut enfin extraire directement le sucre au moyen de la méthode indiquée plus haut, ou bien d'après Lehmann, on prépare une solution alcoolique d'extrait d'urine ; on évapore à siccité ; on dissout le résidu dans l'eau et on sature de sel marin. Il se forme le glucosate que l'on fait cristalliser. On peut décomposer ce dernier par l'azotate d'argent ; on évapore à siccité et on reprend par l'alcool qui dissout seulement la glucose.

DOSAGE DU SUCRE.

Par la liqueur cupro-potassique. — Nous avons indiqué la propriété que possède la glucose de réduire le sulfate de cuivre en solution alcaline. On a basé sur cette réaction un procédé de dosage aussi facile qu'exact : mais en modifiant la formule du réactif de Trommer. Un assez grand nombre de ces formules ont été indiquées : les plus connues sont celles de Bareswill et de Felhing ; nous parlerons seulement de cette dernière qui donne les résultats les plus satisfaisants.

Préparation de la liqueur de Felhing. — On dissout $34^{gr},639$ de sulfate de cuivre pur et cristallisé dans environ 200 cent. cubes d'eau distillée. D'un autre côté, on fait dissoudre 173 gr.

de tartrate de potasse également pur et cristallisé dans 5 à 600 gr. de lessive de soude d'une densité de $= 1,12$; puis on verse peu à peu dans cette solution, celle de sulfate de cuivre. On complète ensuite avec de l'eau pour faire un litre de liqueur.

10 cent. cubes de cette solution sont réduits exactement par $0^{gr},05$ de glucose. Pour éviter que le titre ne change, on doit partager cette liqueur et la conserver dans de petits flacons bien pleins et bouchés.

L'emploi de cette liqueur est très-commode pour la recherche qualitative du sucre. Dans un tube à essai, on met quelques centimètres cubes de cette liqueur et on la porte à l'ébullition; elle doit rester transparente. (Une liqueur mal préparée ou mal conservée peut donner lieu à un précipité ou changer de couleurs lorsqu'on la chauffe. Si donc on ne prenait pas cette précaution, on pourrait être induit en erreur et attribuer à l'urine une réduction qui proviendrait de la liqueur elle-même.) On incline alors le tube et l'on fait arriver le long de la paroi quelques gouttes de l'urine à essayer; si elle contient du sucre, il se produit immédiatement un anneau vert qui passe rapidement au jaune, puis au rouge.

Ce mode d'essai est concluant, et n'expose jamais à des erreurs. La réduction peut aussi avoir lieu à froid et au bout d'un certain temps.

Quand une urine non albumineuse est sans action sur la liqueur cupro-potassique on peut être assuré qu'elle ne contient pas de sucre.

Causes d'erreur. — Des substances, autres que la glycose, peuvent réduire la liqueur de Felhing : l'acide urique, les urates jouissent de cette propriété; aussi, on enlève ces corps par l'acétate de plomb, qui élimine en même temps les matières albuminoïdes. L'allantoïne et l'indicane agissent aussi, mais seulement à chaud. D'un autre côté, la réaction de la liqueur peut être entravée par la présence des sels ammoniacaux. La réaction du sel de cuivre n'a lieu qu'en présence d'un excès d'alcali fixe. Or, lorsqu'il y a un sel ammoniacal, la soude commence par déplacer l'ammoniaque de ce sel, et se neutralise en formant du chlorure de sodium ou du carbonate de soude, et la réaction est entravée parce qu'il ne reste plus assez de soude libre. On évite cet inconvénient en faisant bouillir l'urine avec un peu d'alcali fixe de façon à décomposer le sel ammoniacal avant de la verser dans la liqueur de Felhing.

Les matières albuminoïdes entravent également la recherche du sucre. Lorsqu'une urine est albumineuse et contient peu de sucre, la liqueur de Felhing devient seulement bleu violacé. Lorsque cela est possible, on coagule par la chaleur après addition d'acide acétique et l'on filtre. Il est préférable de traiter par le sous-acétate de plomb qui précipite toutes les matières albuminoïdes, même celles qui ne sont pas coagulables par la chaleur, et en même temps élimine les urates.

On ne peut recourir à ce procédé lorsque l'urine est ammoniacale, car le précipité entraînerait une certaine quantité de sucre.

Toutes ces précautions étant indiquées, voici comment l'on procède au dosage :

On commence par s'assurer du titre de la liqueur de Felhing. 10 cent. cubes doivent être exactement décolorés par 0gr,05 de glucose (*fig.* 8). On prépare une solution de glucose en dissolvant 5 gr. de ce corps chimiquement pur dans un litre d'eau distillée. Puis dans un petit ballon de 50 à 60 cent. cubes de capacité, on verse 10 cent. cubes de liqueur de Felhing, mesurés avec soin, et on les étend de trois à quatre fois leur volume d'eau distillée. On

Fig. 8.

porte à l'ébullition, et on y verse goutte à goutte au moyen d'une burette chlorométrique, la solution titrée de glucose. De temps en temps on interrompt l'ébullition afin de laisser déposer le précipité, et en regardant au jour, de bas en haut, et surtout sur les bords, on juge de la coloration de la liqueur. Avec un peu d'habitude, on arrive à saisir exactement le moment où elle est décolorée. Il faut saisir ce moment pendant que la liqueur est encore bouillante et ne pas attendre qu'elle se refroidisse, car elle se colore de nouveau par l'action de l'air. L'opération terminée, on lit sur la burette et l'on connaît la quantité de glucose qui décolore 10 cent. cubes de liqueur.

Pour opérer sur l'urine, on commence par l'étendre d'une certaine quantité d'eau suivant sa richesse en sucre, que l'on peut déterminer par un essai préalable; pour une bonne opération, il faut amener l'urine par une dilution convenable à ne contenir que 5 à 6 gr. de glucose par litre, autrement dit, la réduction de la liqueur de Felhing doit toujours être opérée dans les mêmes conditions.

On mesure de nouveau 10 cent. cubes de liqueur cuivreuse et on les étend de la même quantité d'eau que la première fois, et l'on termine en prenant les mêmes précautions. Le nombre de cent. et dixième de cent. cubes d'urine versés, contiennent exactement 0gr,05 ou 0,049 de glucose : si tel est le titre de la liqueur. Il ne reste plus qu'à faire la proportion pour 1000 en tenant compte du degré de dilution de l'urine.

Il est bien entendu que si l'on opère sur l'urine précipitée par 1/10 d'acétate de plomb, il faudra augmenter de 1/10 la quantité de sucre trouvée.

Lorsqu'il s'agit d'un liquide très albumineux, le sang par exemple, quelquefois l'urine, il faut opérer la précipitation par trois à quatre fois son volume d'alcool; filtrer, évaporer et reprendre le résidu par l'eau ; on opère la recherche du sucre dans cette dernière solution.

Si l'on doit à la fois doser l'*albumine* et le *sucre*, on fait le dosage de l'albumine comme il a été dit, sans se préocuper si l'urine est sucrée. Par exemple on opère avec l'acide phénique ; on tient compte du degré de dilution causé par cette opération ; le liquide filtré est précipité par le sous-acétate de plomb et peut servir ensuite au dosage du sucre par le saccharimètre. Ou bien l'on fait chaque dosage sur une portion différente d'urine.

2° *Dosage du sucre par le saccharimètre.* — Nous supposons connues la description et la théorie de cet instrument et nous nous contentons d'indiquer le manuel opératoire.

On dispose le saccharimètre devant la partie la plus éclairante de la flamme d'une lampe ou d'un bec à gaz et on com-

Fig. 9.

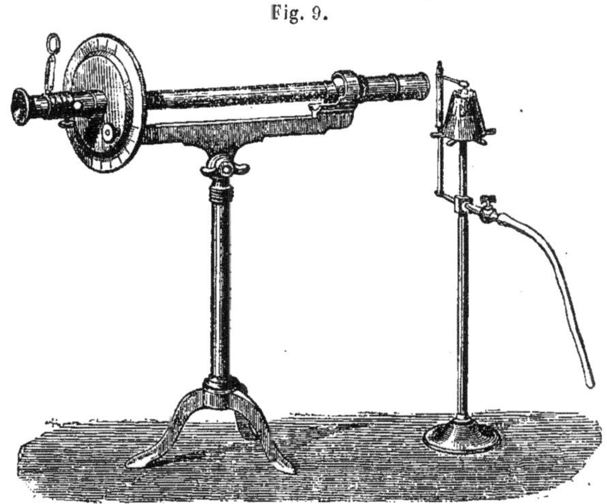

Saccharimètre à pénombres de M. Cornu.

mence par le régler. Pour cela on remplit d'eau un tube de $0^m,20$ et on l'installe sur l'appareil. Par la manœuvre de la lunette de Galilée qui se trouve à la partie antérieure de l'appareil, on rend la vision aussi nette que possible et chaque opérateur choisit ensuite la teinte qui lui paraît la plus sensible, ce à quoi il arrive facilement au moyen du prisme de Nicol disposé à cet effet. Lorsque l'égalité des teintes est obtenue, on s'assure que le 0 du vernier coïncide bien avec celui de l'échelle. Dans le cas où cette coïncidance n'est pas exacte, on la détermine au moyen d'une vis de rappel qui permet de déplacer le vernier dans un sens ou dans l'autre. Si la différence est trop grande; on tient note de la division qui correspond à l'égalité des teintes. On peut avec avantage se servir du nouveau saccharimètre à pénombres de M. Cornu (*fig.* 9.)

L'urine ne se prête jamais directement à l'examen optique, il faut la décolorer. Si on le fait au moyen du noir animal, on observe l'urine dans le tube de $0^m,20$, et le nombre de degrés dont on déplace le vernier, multiplié par 2,256, indique la quantité de glucose contenue dans un litre.

Il est préférable de décolorer l'urine au moyen de 1/10 de sous-acétate de plomb ; on augmente alors de 1/10 le résultat trouvé, ou l'on fait l'observation dans le tube de $0^m,22$, et l'on prend le résultat tel qu'on le trouve. L'emploi du sous-acétate de plomb est nécessaire toutes les fois que l'urine est albumineuse, car l'albumine, agissant sur la lumière polarisée en sens inverse de la glucose, fausserait les résultats.

URINES ICTÉRIQUES.

Dans certains cas pathologiques, notamment dans l'ictère, une partie des éléments de la bile peut passer dans l'urine et notamment les matières colorantes et les acides biliaires.

Matières colorantes. — On les trouve à l'état naturel dans la bile et les calculs biliaires. Dans l'ictère, elles apparaissent dans tous les liquides de l'économie et même dans les tissus, auxquels elles communiquent une coloration jaune particulière. Les matières colorantes de la bile sont assez nombreuses et ne sont pas toutes bien connues; elles semblent toutes dériver d'une matière unique, la bilirubine.

Ce sont :

La *bilirubine*.	$C^{32} H^{18} Az^2 O^6$
La *biliverdine*	$C^{32} H^{20} Az^2 O^{10}$
La *biliprasine*	$C^{32} H^{22} Az^2 O^{12}$
La *bilifuschine*.	$C^{32} H^{20} Az^2 O^8$

Bilirubine $C^{32} H^{18} Az^2 O^6$. — On peut l'extraire soit de la bile, soit des calculs biliaires.

Si l'on opère sur les calculs, on commence par les pulvériser et les débarrasser de la cholestérine et des matières grasses en les traitant par l'éther. On fait bouillir le résidu avec de l'eau et on traite ensuite par l'acide chlorhydrique étendu. On lave et on dessèche. Ce résidu est ensuite traité par le chloroforme bouillant tant qu'il dissout de la matière colorante.

Si l'on opère sur la bile, on l'additionne d'acide chlorhydrique et on l'agite avec le chloroforme.

Dans les deux cas, le chloroforme est retiré par distillation et le résidu est mélangé d'alcool ; la bilirubine, insoluble dans ce liquide, est pécipitée; on la lave à l'alcool et à l'éther, puis on la redissout dans le chloroforme; on la précipite de nouveau et finalement on la fait cristalliser dans le chloroforme.

L'extrait d'une urine ictérique, traité par le sulfure de carbone, lui cède la bilirubine.

Obtenue par évaporation du chloroforme, elle se présente sous forme d'une poudre jaune orangé, cristallisée en prismes orthorhumbiques, microscopiques. Elle est insoluble dans l'eau, très-difficilement soluble dans l'alcool et l'éther. Elle se dissout très-bien au contraire dans le chloroforme, la benzine, le sulfure de carbone et les alcalis. Une solution ammoniacale de bilirubine donne, avec le chlorure de calcium, les acétates de plomb, l'azotate d'argent, des précipités insolubles dans le chloroforme. Si l'on étend d'alcool une solution alcaline de bilirubine et qu'on y ajoute un peu d'acide azotique, il se produit une succession de couleurs dans l'ordre suivant : la solution du jaune passe au vert, au bleu violet, au rouge et au jaune sale. Si l'on n'agite pas le liquide, toutes ces couleurs se superposent. La coloration se produit encore en l'absence de l'alcool, mais avec de l'acide azotique chargé de vapeurs nitreuses.

Une solution de bilirubine dans la lessive de soude devient verte au contact de l'air ; elle se transforme alors en biliverdine.

Biliverdine. $C^{32}H^{20}Az^2O^{10}$. — La biliverdine est le produit d'oxydation de la bilirubine. Pour la préparer, on expose à l'air, pendant un temps suffisant, une solution alcaline de bilirubine ; puis on la précipite par l'acide chlorhydrique. Le précipité lavé à l'eau est ensuite traité par l'alcool bouillant, qui dissout la *biliverdine* et laisse la bilirubine inaltérée ; la biliverdine se dissout également dans l'éther et le chloroforme.

Cette matière colorante existe dans les urines ictériques ; il est facile de s'en assurer en les additionnant d'acide chlorhydrique, qui en détermine immédiatement la précipitation. La solution alcaline de biliverdine donne, avec l'acide azotique, les mêmes réactions que la bilirubine. Si on abandonne longtemps cette solution, la biliverdine absorbe 2 équivalents d'eau et se change en biliprasine.

Biliprasine. $C^{32}H^{22}Az^2O^{12}$. — Cette substance se trouve en petite quantité dans les calculs biliaires. Elle est insoluble dans l'eau, l'éther et le chloroforme.

Pour l'isoler, on traite le calcul pulvérisé successivement par l'eau, l'acide chlorhydrique, l'éther, le chloroforme. La biliprasine, insoluble dans tous ces réactifs, reste dans le résidu.

Bilifuschine. $C^{32}H^{20}Az^2O^8$. — Elle s'obtient en même temps que la bilirubine. Le résidu de l'évaporation de la solution chloroformique, qui les contient toutes les deux, traité par l'alcool, ne cède à ce liquide que la bilifuschine : on l'obtient par évaporation de ce liquide.

Elle est soluble dans les solutions alcalines, qu'elle colore en brun rouge.

RECHERCHE DES MATIÈRES COLORANTES DE LA BILE.

L'urine ictérique est toujours fortement colorée en *brun foncé, brun rouge, brun vert, vert jaune;* elle mousse facilement et tache le linge.

Pour mettre en évidence les matières colorantes, on se sert de la réaction de Gmelin, basée sur l'action de l'acide azotique sur la bilirubine. Cette réaction se produit, du reste, avec les autres matières colorantes.

Au fond d'un verre à expérience on place une couche d'acide azotique (contenant des vapeurs nitreuses), puis l'on fait arriver à la surface l'urine à examiner en la faisant couler le long du verre, de façon à ce qu'elle s'étale à la surface de l'acide; on voit alors apparaître peu à peu la série de couches colorées dont nous avons parlé : *vert, bleu, violet, rouge* et *jaune.* Quelques nuances peuvent faire défaut; mais on doit toujours observer la coloration verte et violette.

On peut aussi agiter l'urine avec du chloroforme et faire agir l'acide sur ce chloroforme.

M. Mehu précipite l'urine par l'acétate neutre de plomb; ce précipité, lavé d'abord à l'eau distillée et repris par l'eau ammoniacale, fournit une solution qui, par évaporation, abandonne les matières colorantes, sur lesquelles on produit facilement la réaction de Gmelin.

Acides biliaires.

Le corps qui sert de point de départ à tous les acides de la bile est l'acide *cholique* : $C^{48} H^{39} O^8 + HO.$

Cet acide ne contient pas d'azote et ne se trouve pas à l'état libre, mais sous forme d'acide *choléique* ou *taurocholique,* lorsqu'il est associé avec la *taurine*, et d'acide *glycocollique*, lorsqu'il est uni à la *glycocolle*.

Ce dernier acide est ordinairement désigné sous le simple nom d'acide cholique : $C^{52}H^{42}AzO^{11},HO$. On le rencontre uni à la soude dans l'urine normale. C'est également à l'état de cholate qu'il existe dans la bile, où il constitue le sel naturel de la bile ou bile cristallisée de Plattner. On l'extrait en versant dans la bile de l'acétate neutre de plomb tant qu'il se produit un précipité. Ce précipité est épuisé par l'alcool bouillant ; on fait passer dans cette solution alcoolique un courant d'hydrogène sulfuré, on sépare le sulfure de plomb, et le liquide concentré laisse cristalliser l'acide cholique. Cet acide est soluble dans 300 fois son poids d'eau froide et peu dans l'éther. Il se dissout très-bien dans les liqueurs alcalines. Sa solution et celle de ses sels devie à droite la lumière polarisée.

L'acide choléïque ou taurocholique $C^{52}H^{45}AzO^{14}S^{2}$ se trouve en grande quantité dans la bile des carnivores et de l'homme. Celle de bœuf en contient très-peu. Il existe également combiné à la soude. Pour l'extraire, on commence par séparer l'acide cholique au moyen de l'acétate neutre de plomb. On traite ensuite par le sous-acétate additionné d'ammoniaque qui précipite l'acide choléïque ; ce précipité mis en suspension dans l'alcool est décomposé par l'hydrogène sulfuré comme précédemment.

Cet acide se dissout bien dans l'eau et les alcalis ; il est remarquable par la forte proportion de soufre qu'il renferme et de même que le précédent, dévie à droite la lumière polarisée. Ces acides sont remarquables par les transformations qu'ils peuvent éprouver.

L'acide glycocollique bouilli plusieurs heures avec un acide énergique ou un alcali caustique, se dédouble en acide cholalique et en glycocolle.

$$C^{52}H^{43}AzO^{12} + 2HO = C^{48}H^{40}O^{10} + C^{4}H^{5}AzO^{4}$$

A. cholique.   A. cholalique.   Glycocolle.

L'acide choléïque ou taurocholique éprouve au contact des alcalis bouillants une transformation analogue, il se dédouble en acide cholalique et *taurine*.

$$C^{52}H^{45}AzO^{14}S^{2} + 2HO = C^{4}H^{7}AzO^{6}S^{2} + C^{48}H^{40}O^{10}$$

A. choléïque.	Taurine.	A. cholalique.

Le plus curieux de tous ces corps est la *taurine*, remarquable par sa grande richesse en soufre. On peut l'obtenir en faisant bouillir plusieurs heures la bile d'un carnivore avec l'acide chlorhydrique. Après filtration on évapore à siccité et on épuise par l'alcool. Le résidu insoluble est ensuite traité par l'eau bouillante, qui abandonne la taurine en se refroidissant.

M. Strecker l'a préparée artificiellement en exposant pendant quelque temps à une température de 220 degrés, de l'isothionate d'ammoniaque.

$$AzH^{4}O, C^{4}H^{5}S^{2}O^{4} = C^{4}H^{7}AzS^{2}O^{6} + 2HO$$

Isothionate d'ammoniaque.	Taurine.

Réactions. — Les acides biliaires et leurs composés donnent avec l'acide sulfurique et le sucre une réaction caractéristique. Si l'on mélange la solution aqueuse d'un de ces acides avec quelques gouttes d'une solution de sucre, puis avec de l'acide sulfurique jusqu'à ce que la température s'élève de 35 à 70 degrés, on obtient une belle coloration violette pourpre (Pettenkofer). L'acide oléïque et l'albumine donnent une réaction analogue.

Pour rechercher ces acides dans l'urine, on en évapore 4 à 500 gr. à siccité. On traite le résidu par l'alcool pour séparer les sels et on filtre; on répète le même traitement avec de l'alcool absolu; le second résidu ne contient plus de sels minéraux. On le reprend alors par l'eau et on précipite par le sous-acétate de plomb. Le précipité est décomposé par le carbonate de soude; on évapore à siccité et on reprend par l'alcool. Ce liquide évaporé donne un résidu qui, repris par l'eau, fournit une solution qui se prête à la réaction de Pettenkofer.

7

FIBRINE.

La fibrine peut se rencontrer dans l'urine sous deux états différents, coagulée ou à l'état liquide.

Sous le premier état, elle constitue des coägula sanguins qui ne donnent lieu à aucune confusion; bien plus rarement ils sont incolores, solides ou gélatineux.

La fibrine dissoute dans l'urine lui donne la propriété de se coaguler, de telle sorte que plusieurs heures après l'émission, il se forme une sorte de sédiment cohérent au fond du vase.

Il faut bien se garder de confondre cette gelée avec celle qui se produit dans les urines provenant d'individus atteints de catarrhes vésicaux et qui deviennent cohérentes par suite de l'action, sur le pus, du carbonate d'ammoniaque produit par la décomposition de l'urée.

SANG.

Le sang passe fréquemment dans l'urine qui prend alors une coloration caractéristique. Le mode d'essai le plus certain est l'examen microscopique qui révèle l'existence des globules sanguins.

Si la quantité de sang est très-petite, il faut laisser déposer quelque temps l'urine dans un vase

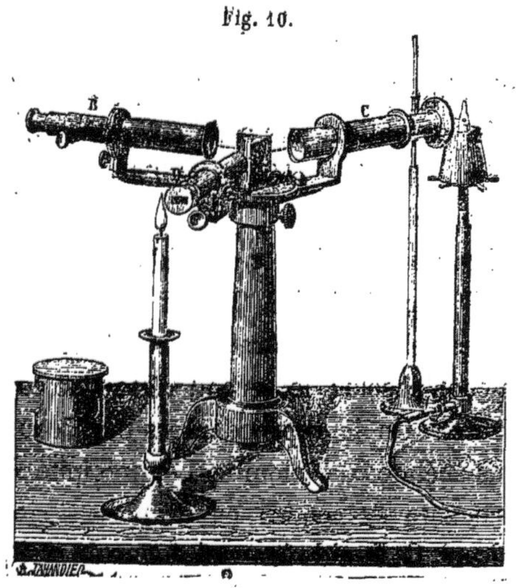

Fig. 10.

Spectroscope.

conique ; on décante avec précaution et on cherche les globules dans le fond du liquide ; du reste, le dépôt ainsi obtenu
est beaucoup plus coloré que ne l'était l'urine. Il ne faut pas
oublier non plus qu'une urine contenant du sang, renferme
également de l'albumine, et il est facile de s'assurer de la
présence de cette substance. On peut enfin examiner l'urine
fraîche au spectroscope et constater l'absorption des raies de
Frauenhofer entre les raies D et E. C'est surtout près de la
raie D (*fig.* 10) que l'obscurité est grande.

MUCUS ET PUS.

Même dans l'état de santé, l'urine abandonnée à elle-même
laisse toujours déposer un nuage blanchâtre et floconneux dans
lequel l'examen microscopique fait voir des globules incolores
à côté de cellules épithéliales et des urates. Dans certaines affections, ce dépôt devient très-abondant, et il n'est pas rare
alors que le mucus soit mélangé de pus. L'urine est alors
presque toujours alcaline, et la *mucine*, un des principes constituants du mucus, y est à l'état de solution ; on en détermine
facilement la précipitation en versant un excès d'acide acétique.

Les globules du mucus sont plus petits que ceux du pus
(1/3 environ), brillants dans l'urine récente, et plus ou moins
gonflés et déformés dans l'urine devenue ammoniacale.

Dans le cas où une urine claire précipite par l'addition
d'acide acétique, il faut s'assurer que le précipité ne se dissout
pas par la chaleur ; alors on a bien de la mucine. Dans le cas
contraire, le précipité serait formé par des urates, solubles à
chaud.

Le pus se rencontre fréquemment dans l'urine, et comme
tout liquide purulent contient de l'albumine, il n'y a que l'examen microscopique qui puisse faire constater la présence du

pus dans une urine albumineuse. Le pus est caractérisé par des globules dits leucocythes ou globules du pus. Leur diamètre, bien que variable, est beaucoup plus considérable que celui des globules sanguins ; il varie de 9 à 14 millièmes de millimètre. Ils ne sont pas déprimés et contiennent plusieurs noyaux de forme variable et souvent réunis en groupes ; leur surface est rarement lisse et leur contour toujours irrégulier. L'addition d'acide acétique étendu les fait gonfler, les rend transparents et les noyaux deviennent très-distincts ; quelquefois l'augmentation de volume est telle qu'ils éclatent et que l'on voit flotter les débris de la membrane et les noyaux.

Pour la recherche d'une petite quantité de pus, on laisse déposer l'urine comme nous l'avons fait pour le sang. Lorsque le pus existe en quantité notable dans l'urine, elle est ordinairement alcaline et se décompose facilement ; elle offre une odeur spéciale souvent infecte, et lorsqu'elle est devenue amoniacale prend une consistance visqueuse. C'est qu'en effet, les alcalis caustiques, la soude, la potasse, l'ammoniaque, possèdent la propriété de faire prendre le pus en une gelée tellement visqueuse que l'on peut renverser le vase qui le contient. Dans les mêmes conditions le mucus se dissout et l'urine devient plus fluide. C'est donc un moyen de les différencier.

Très-souvent une urine renferme à la fois du *mucus* et de l'albumine. Pour rechercher cette dernière, on traite l'urine par l'acide acétique et on la sature de sulfate de soude ; on filtre et on porte à l'ébullition. Si le liquide contient de l'albumine, il se forme un précipité ou au moins un trouble très-apparent.

TRAVAUX PUBLIÉS

Procédé de dosage du cuivre.

Si dans un liquide contenant de l'acide cyanhydrique ou du cyanure de potassium et de l'ammoniaque on verse une solution de sulfate de cuivre ; il se forme un cyanure double de cuivre et d'ammoniaque, soluble et incolore, et le bleu céleste apparaît seulement alors que tout l'acide cyanhydrique est entré en combinaison. Cette réaction est la base du procédé indiqué par M. Buignet pour le dosage de l'acide cyanhydrique. Inversement si dans une solution ammoniacale de cuivre, contenant un excès d'ammoniaque, on verse une solution de cyanure de potassium, il se forme le même cyanure double et la liqueur ira en se décolorant, et deviendra incolore au moment ou tout le cuivre sera transformé. Cette réaction fournit un moyen facile et rigoureux de doser le cuivre.

On pourrait, en tenant compte des équivalents, faire une solution de cyanure telle qu'une quantité déterminée, 1 c.c. par exemple, corresponde à 1 milligramme de cuivre ; mais cette solution s'altérerait rapidement. Il est plus exact de faire une solution quelconque et assez faible et de la doser au moyen d'une liqueur normale de cuivre renfermant 1 milligramme de ce métal par centimètre cube.

On prend une quantité connue de cette liqueur 20 à 50 cent. cube : cette dernière m'a paru la plus convenable et on la verse dans un vase à précipiter placé sur du papier blanc (1). On verse alors la solution de cyanure au moyen de la burette chlorométrique. Le moment précis de la décoloration est assez facile à saisir.

Le nombre des divisions employées correspond à 20 ou 50 milligrammes de cuivre suivant la quantité de liqueur employée. Si l'on a opéré sur 50 cent. cubes renfermant $0^{gr}050$ de cuivre et qu'il a fallu 86 divisions de liqueur de cyanure.

$$1 \text{ div.} = \frac{0^{gr}050}{86}$$

Pour faire un dosage de cuivre, on suit exactement le procédé indiqué par M. Pelouze. On attaque 1 gr. du mélange indiqué qui contient le cuivre par l'acide azotique, puis on ajoute de l'ammoniaque qui précipite les métaux étrangers à l'exception du zinc, et on achève avec de l'eau distillée le volume d'un litre.

1° Si la liqueur ne renferme pas de zinc, on en prend 50 cent. cubes et l'on verse jusqu'à décoloration la liqueur titrée de cyanure : la quantité de cuivre est donnée par la formule

$$x = \frac{0^{gr}050}{86} \times d$$

d étant le nombre de divisions nécessaires pour obtenir la décoloration dans le second cas ;

2° Si la liqueur renferme du zinc, l'opération n'est plus exacte, car il se forme un cyanure de zinc en même temps que celui de cuivre.

Voici comment l'on peut tenir compte de la présence du zinc : On fait une solution de ce métal dans l'acide azotique 1 gr. de zinc et pour 1,000 d'eau ; et l'on mélange 10 cent.

(1) On peut, au lieu de papier blanc, se servir de papier coloré ; ici la liqueur est bleue ; si nous la plaçons sur du papier jaune, on perçoit une teinte verte, le contraste est frappant, et il devient très-facile de saisir l'instant précis où la décoloration a lieu.

cubes de cette liqueur avec 50 c. c. de celle de cuivre, et l'on
procède de nouveau à l'essai par le cyanure. Il faut un nombre
de divisions plus considérable pour obtenir la décoloration ;
soit 98.

Nous avous vu que le cuivre en exigeait 86.

Il y a donc 98 — 86 = 12 pour le zinc, pour $0^{gr}010$ de zinc.
Nous sommes en droit de tirer cette conclusion ; car si le cuivre
se combinait entièrement au cyanure avant le zinc, la présence de ce dernier serait sans influence, ce qui n'est pas ; si
au contraire, le zinc se combinait avant le cuivre la conclusion
serait encore exacte, car c'est le cuivre qui indique la fin de
l'opération.

Le cuivre et le zinc se combinent bien en même temps ; car
si l'on ajoute des quantités de liqueur normale de zinc successivement croissantes, on trouve que le nombre de divisions
attribuées à ce métal croît dans le même rapport.

Lorsqu'on veut doser le cuivre en présence du zinc ou ces
deux métaux à la fois, on prend 50 cent. cubes de la liqueur
préparée et l'on fait un essai. Soit 48 le nombre de divisions
nécessaires pour obtenir les décolorations ; ces 48 divisions
représentent à la fois et le cuivre et le zinc. Il faut faire la part
de chaque métal.

Pour cela on prend de nouveau 50 cent. cubes et on sépare
le cuivre. De tous les procédés indiqués (séraration par l'acide
sulfhydrique, par le fer, par le glucose) celui qui réussit le
mieux est le suivant. On acidule fortement la liqueur avec l'acide
sulfurique ; on porte à l'ébullition et on ajoute peu à peu de
l'hyposulfite de soude. Tout le cuivre est précipité à l'état de
sulfure facile à laver et qu'on sépare par le filtre. On dissout
ce précipité dans l'acide azotique. Pour faire cette opération
facilement, on place le filtre renfermant le sulfure encore tout
humide dans une petite capsule de porcelaine, on chauffe
d'abord doucement pour vaporiser l'eau puis graduellement

jusqu'au rouge, on laisse refroidir et alors le précipité se dissout facilement dans l'acide.

On verse alors dans la solution un excès d'ammoniaque, et on en prend de nouveau le titre par le cyanure.

Ou trouve un nombre de divisions inférieur au précédent, soit 40.

Il y a donc $48 - 40 = 8$ divisions pour le zinc. Par un calcul bien simple, on arrive à connaître la quantité de cuivre et de zinc renfermée dans le mélange.

Il n'a été question ici que des métaux habituellement alliés au cuivre et se rencontrant avec lui dans les minérais. S'il y a de l'argent, il est facile d'en opérer la séparation par le chlorure de sodium.

Ainsi dans l'essai des monnaies par voie humide, on peut doser très-facilement le cuivre allié, en suivant ce procédé. (*Comptes rendus Acad. des Sciences.*)

Sur un nouveau photomètre fondé sur la sensation du relief.

Soit un prisme rectangulaire de porcelaine placé verticalement ; si l'on regarde ce prisme au moyen d'un tube noirci à l'intérieur, et en se plaçant dans le prolongement du plan bissecteur de l'angle dièdre droit de ce prisme, on voit un cercle plan qui semble partagé en deux parties par un diamètre vertical qui est l'arête du prisme.

On place les deux lumières chacune perpendiculairement à une face ; la disposition rectangulaire du prisme fait qu'il n'y a pas besoin d'écrans et que chaque lumière n'éclaire que la face correspondante. Tant que les deux faces du prisme sont inégalement éclairées, l'œil perçoit, comme je l'ai dit, la sensation d'un cercle partagé en deux parties de teintures inégales, et ce qui est le plus frappant, c'est l'arête du prisme, qni paraît une ligne d'autant plus accentuée que l'éclairement est plus inégal ;

au moment de l'égalité obtenue en approchant ou en éloignant l'une des lumières, cette ligne disparaît. Il ne reste plus qu'à mesurer la distance de chaque lumière à la face qu'elle éclaire et à appliquer la loi connue (1).

Au lieu d'un prisme en porcelaine, on peut prendre une simple feuille de papier fort ou de carton pliée deux fois sur elle-même.

Sur un nouveau mode de préparation du sirop de Tolu.

Le procédé indiqué ici n'a rien de nouveau par lui-même ; je ne sache pas qu'il ait été appliqué pour le sirop de Tolu.

On place sur le feu, dans une capsule, du sable ou grès très fin et on le chauffe de façon à ce que l'on ne puisse plus le tenir entre les doigts. On le verse alors dans un mortier en biscuit où l'on a pulvérisé auparavant du baume de Tolu, et on mélange fortement.

La température du sable ne doit pas être assez élevée pour volatiliser de l'acide benzoïque. Le tolu fond et enrobe chaque grain de sable ; après refroidissement on passe au tamis pour désagréger la masse et l'on conserve pour l'usage.

Pour préparer l'eau aromatique devant servir à la confection du sirop, on place le sable dans une allonge et l'on traite par déplacement avec de l'eau bouillante ; on fait passer deux à trois fois la même eau. Le produit ainsi obtenu a d'abord beaucoup plus d'odeur et de saveur que celui obtenu par digestion. Il a même une certaine âcreté qui disparaît au bout de quelques jours.

Ce procédé permet de réduire au dixième la dose de baume de Tolu indiquée par le codex.

(1) Les intensités de deux lumières sont directement proportionnelles aux carrés de leurs distances à la surface éclairée ; c'est-à-dire que si l'une des lumières est quatre fois plus éloignée que l'autre, c'est qu'elle éclaire seize fois plus. (*Comptes rendus de l'Académie des sciences.*)

Voici les proportions que j'indique :

            Sable lavé.   100
            Baume de Tolu.   3

Pour un litre d'eau aromatique, il suffit de prendre 350 gr.
de ce produit.

Sur le proto-iodure de mercure cristallisé.

On peut obtenir ce corps en chauffant au bain de sable un
ballon contenant du mercure et de l'iode ; ce dernier est renfermé dans un petit tube snspendu au centre du ballon. Dans
cette disposition, la vapeur mercurielle étant en excès, les cristaux obtenus en sont toujours souillés ; aussi les premières analyses m'ont donné 64,2, 64,3 p. 100 de mercure au lieu de
61,16.

Pour enlever cet excès de mercure, on lave ces cristaux avec
de l'acide azotique étendu ; l'analyse m'a donné les nombres
suivants : 61, 64, 61, 76 p. 100 de mercure. En prolongeant
un certain temps l'action de l'acide azotique, ces cristaux sont
devenus rouge orangés, et cela, sans changer de composition.

Un procédé qui permet d'obtenir d'une façon régulière le
proto-iodure de mercure cristallisé, consiste à chauffer au bain
de sable, en matras scellés, de l'iode et du mercure en proportions indiquées par les équivalents. La température ne doit pas
dépasser 250 degrés. Si l'on retire immédiatement le matras
du bain de sable, on trouve la partie supérieure tapissée de
cristaux d'un très-beau rouge, lesquels deviennent jaunes par
refroidissement.

Les cristaux, ainsi obtenus, sont bien définis, d'un jaune un
peu orangé et atteignent un volume parfois assez considérable,
surtout lorsqu'ils se réunissent pour former des paillettes dont
quelques-unes mesurent de 15 à 18 millim. de longueur. Les
plus petites de ces paillettes sont flexibles.

Ces cristaux, soumis directement à l'analyse, m'ont donné les nombres suivants :

1° Pour le mercure,　61,28 p. 100
61,20
61,04

Moyenne. . . . ,　61,17 p. 100. Théorie, 61,16.

2° Pour l'iode. . .　39,27
38,40
38,61

Moyenne. . . . .　38,76 p. 100. Théorie, 38,83.

La forme cristalline se rattache au système orthorhombique.

M. G. Bouchardat, qui a bien voulu examiner ces cristaux, les caractérise ainsi : combinaison habituelle des faces : *h. p. g.* ; faces secondaires : *b* et *e* : angle ; $b^{1/4} b^{1/4} = 97°,12$ (environ) ; angle $ee = 131°,20$ (environ).

Examinés à la lumière monochromatique du sodium, ces cristaux paraissent d'un vert clair éclatant. Exposés à la lumière diffuse, ils deviennent peu à peu d'une couleur brune foncée.

Soumis à l'action de la chaleur, le proto-iodure de mercure cristallisé devient rouge. Ce changement de coloration commence vers 70 degrés, et la teinte se fonce de plus en plus ; à 220 degrés les cristaux sont d'un rouge grenat magnifique. Par refroidissement, ils reprennent leur couleur primitive. Il est curieux de rapprocher ce phénomène de celui exactement inverse, présenté par le bi-iodure.

Si l'on chauffe avec précaution le proto-iodure de mercure cristallisé, il se sublime entièrement sans décomposition ; cette sublimation commence vers 190 degrés ; mais à 220 degrés. les cristaux se ramollissent ; ils fondent à 290 degrés en un liquide noir qui entre en ébullition à 310 degrés.

Si, au contraire, on le chauffe brusquement, il se décompose en donnant du mercure métallique et un autre corps d'un jaune plus clair, qui se sublime. J'ai dosé directement la quantité de mercure ainsi mise en liberté ; un grand nombre d'essais m'ont donné pour moyenne 8 p. 100. L'iodure sublimé devrait donc renfermer 61,16 — 8 = 53,16 p. 100 de mercure. Il n'en est pas ainsi ; l'analyse directe de ce produit (ces analyses sont données sous toutes réserves, vu la difficulté qui existe à obtenir cet iodure exempt de vapeur mercurielle qui vient toujours le souiller), faite sur des échantillons de provenance différente, m'a donné :

$$\text{Pour le mercure.} \quad 58 \text{ p. } 100.$$
$$\text{Pour l'iode.} \quad 40$$

Il y a une différence de 2 p. 100 que je ne puis attribuer qu'à l'oxygène. Ce corps serait donc un oxyiodure répondant à la composition suivante en centièmes :

$$
\begin{aligned}
&\text{Mercure.} &&58\\
&\text{Iode.} &&40\\
&\text{Oxygène (par différence).} &&\underline{2}\\
&&&100
\end{aligned}
$$

La formule serait :

$$Hg^{13}O^6I^7 = 6\,HgO,\ 7\,HgI$$

$$
\begin{aligned}
&\text{Théorie : Mercure..} &&58,11\\
&\qquad\quad\text{Iode.} &&39,74\\
&\qquad\quad\text{Oxygène.} &&\underline{2,14}\\
&&&99,99
\end{aligned}
$$

Comme vérification, j'ai renfermé dans un matras scellé plein d'acide carbonique une certaine quantité de proto-iodure cristallisé, et je l'ai chauffé brusquement. Il s'est décomposé en mercure métallique et en bi-iodure facilement reconnaissable à sa couleur jaune à chaud, et devenant rouge vif par refroidissement.

Cet oxyiodure est d'un très-beau jaune clair aussitôt après sa préparation, et en paillettes cristallines brillantes. Mais assez rapidement, surtout à la lumière, il devient jaune orangé, puis rouge brique ; il diminue beaucoup de volume, les paillettes se recoquillant sur elles-mêmes.

Ce travail a été fait à l'école de pharmacie, laboratoire des travaux pratiques. (*Comptes rendus ; Journal de pharmacie et de chimie.*)

De l'action de l'eau sur les tuyaux de conduite en plomb.

Un système de tuyaux en plomb d'un développemement d'environ 800 mètres est établi à l'école d'Alfort pour la distribution de l'eau. Cette eau provient d'un puits profond, situé dans l'intérieur de l'école, et chaque jour, au moyen d'un manége, on en monte la quantité nécessaire dans un réservoir construit à cet effet.

Cette disposition est assez favorable pour une observation, puisque nous avons une quantité d'eau limitée dont on peut faire l'analyse à un moment quelconque. Une particularité m'a, du reste, permis de faire un essai assez concluant. Une chaudière en cuivre sert depuis un temps très-long à échauffer l'eau nécessaire pour les besoins du service. Le fond de cette chaudière est tapissé par un dépôt très-abondant qui représente le résidu d'évaporation d'une quantité d'eau considérable, et, par conséquent, ce dépôt doit renfermer du plomb, si l'eau en contient elle-même.

J'ai commencé par faire l'essai hydrotimétrique de l'eau prise, d'un côté, au réservoir, et de l'autre, à un robinet situé au deux tiers environ du parcours des tuyaux. Je n'ai trouvé aucune différence appréciable à ce mode d'analyse.

Je dirai de suite que cette eau sert aux usages domestiques ;
une prise d'eau de la Seine est réservée pour l'alimentation.
Voici les résultats :

$$
\begin{aligned}
&\text{Degré hydrotimétrique} \dots\dots\dots\quad 52\\
&\text{Acide carbonique} \dots\dots\dots\dots\quad 0^{g},025\\
&\text{Carbonate de chaux} \dots\dots\dots\quad 0^{g},165\\
&\text{Sulfate de chaux} \dots\dots\dots\dots\quad 0,168\\
&\text{Magnésie} \dots\dots\dots\dots\dots\dots\quad 0,080\\
&\text{Chlore} \dots\dots\dots\dots\dots\quad \text{très-abondant.}\\
&\text{Fer} \dots\dots\dots\dots\dots\quad \text{quantité sensible.}
\end{aligned}
$$

L'évaluation directe de la quantité de matériaux solides m'a
donné :

$$\text{Par litre} \dots\dots\dots\dots\dots\quad 1^{g},160$$

La composition de cette eau est assez variable ; ainsi une
analyse faite par Lassaigne lui fixe la composition suivante ·

$$
\begin{aligned}
&\text{Air} \dots\dots\dots\dots\dots\dots\quad 0^{l},112\\
&\text{Acide carbonique} \dots\dots\dots\quad 0,025\\
&\text{Sulfate de chaux} \dots\dots\dots\quad 0^{g},410\\
&\text{Carbonate de chaux} \dots\dots\dots\quad 0,020\\
&\text{Azotate et chlorure de magnésium} \quad 0,320\\
&\hphantom{xxxxxxxxxxxxxxxxxxxxxxxx} 0^{g},850
\end{aligned}
$$

Cette quantité considérable de matières solides explique
très-bien l'abondance des dépôts observés dans les tuyaux et
sur les parois de la chaudière.

Le dépôt recueilli dans les tuyaux m'a donné à l'analyse les
résultats suivants : Le sable forme environ les deux tiers de sa
masse, le reste est composé, comme l'a indiqué M. Fordhos, de
carbonate de chaux et de plomb, et aussi d'une quantité considérable de fer ; très-peu d'acide sulfurique.

Le dépôt de la bassine provenant de l'évaporation de l'eau
est presque entièrement soluble dans les acides : très-peu de

silice reste inattaquée. Il est formé en grande partie par de la chaux à l'état de carbonate, une quantité assez considérable de cuivre provenant évidemment de la chaudière, et de fer en quantité à peu près égale à celle trouvée dans les tuyaux de conduite. Pas de plomb. Le résidu, insoluble dans l'acide azotique, aurait pu retenir du plomb à l'état de sulfate ; mais je me suis assuré de son absence en traitant ce résidu par le tartrate d'ammoniaque.

En résumé, ce fait vient donc s'ajouter aux nombreux faits observés déjà, et qui démontre l'innocuité des conduites en plomb servant aux transports des eaux.

Sur la préparation de l'iodure double de bismuth et de potassium.

L'emploi de l'iodure double de bismuth et de potassium vient d'être indiqué pour la recherche des alcaloïdes, et la valeur de ce nouveau réactif n'est pas encore suffisamment établie. Je me suis attaché d'abord à trouver un mode de préparation facile, et c'est là le seul but de cette note.

La préparation du réactif au moyen de l'iodure de bismuth obtenu d'après l'un des procédés indiqués dans le dictionnaire de Würtz et de l'iodure de potassium présente, il paraît, quelques difficultés. L'iodure de bismuth ne serait pas entièrement soluble dans l'iodure alcalin ; mais il n'est point du tout nécessaire de passer par l'intermédiaire de l'iodure de bismuth. J'ai employé successivement cinq procédés, le dernier me paraît le plus commode, aussi je le décrirai avec quelques détails.

1° On peut attaquer le bismuth métallique par de l'acide chlorydrique dans lequel on ajoute quelques gouttes d'acide azotique ou un cristal de chlorate de potasse. La dissolution se fait alors assez facilement. On évapore à siccité pour chasser l'excès d'acide, et on traite par une dissolution concentrée d'iodure de potassium. Il ne reste plus qu'à décanter ;

2° On peut traiter le bismuth par l'acide iodhydrique en grand excès ; on sature ensuite l'excès de cet acide par de la potasse, et l'on obtient une solution qui se prête parfaitement à la recherche des alcaloïdes ;

3° On porte à l'ébullition une solution concentrée d'iodure de potassium, et on y projette peu à peu des cristaux de nitrate de bismuth cristallisés ;

4° On peut dédoubler par l'eau le nitrate de bismuth, décanter et ajouter de l'iodure de potassium dans la solution acide ;

5° Enfin, on peut faire bouillir avec une solution d'iodure de potassium le sous-nitrate de bismuth précipité, provenant de l'opération précédente.

Etudions un peu ce dernier procédé. Si l'on adopte pour formule de sous-nitrate de bismuth $AzO^5BiO^5, 2HO$, on trouve que pour le transformer en iodure double KI, BiI^3, HO, il faut employer 4 équivalents d'iodure de potassium ; mais il est facile de voir que la transformation complète n'aura lieu que si l'on ajoute 2 équivalents d'acide. J'ai donné la préférence à l'acide chlorhydrique, qui ne décompose jamais l'iodure.

Si donc nous traitons le sous-nitrate de bismuth par l'iodure de potassium et l'acide chlorhydrique, nous obtiendrons de l'iodure double de bismuth et de potassium d'après l'égalité suivante : $AzO^5Bi O^5, 2HO + 4KI + 2HCl = KI, BiI^5, HO + KO AzO^5 + 2KCl + 3HO$.

En faisant intervenir les équivalents, on est conduit aux proportions suivantes :

Sous-nitrate de bismuth. . . $3^{gr},06$
Iodure de potassium. . . . . $6^{gr},64$
Acide chlorydrique. . . . . $0^{gr},73$

Je me suis assuré qu'avec ces quantités, la dissolution du nitrate de bismuth ne peut s'effectuer entièrement. Il faut doubler la dose d'iodure et d'acide, et prendre.

Sous nitrate de bismuth. . . 1^{gr},50
Iodure de potassium. . . . . 7^{gc},00
Acide chlorydrique. . . . . 20 gouttes.
Eau . . . . 20^{gr},00

On délaye le sous-nitrate de bismuth dans l'eau, et on porte à l'ébullition. On ajoute alors l'iodure alcalin et l'acide chlorydrique; ou bien l'acide d'abord, et l'iodure en dernier lieu.

On obtient ainsi une solution limpide, d'un très-beau jaune orangé, se prêtant facilement à la recherche des alcaloïdes. Si l'on verse une goutte de cette solution dans l'eau, il se produit un précipité blanc, provenant du dédoublement du sel par l'eau. Pour éviter cette décomposition, il suffit d'ajouter quelques gouttes d'acide. Je préfère l'acide chlorydrique à l'acide sulfurique, dont l'emploi est recommandé par Dragendorff.

Il n'est pas indifférent d'ajouter l'acide au réactif ou à la solution dans laquelle on recherche l'alcaloïde. Pour un volume de 40 à 50 cent. cubes, 4 gouttes d'acide chlorydrique suffisent : tandis qu'il faut ajouter à la solution d'iodure au moins 3 fois son volume du même acide pour empêcher son dédoublement par l'eau.

Si la dissolution n'est pas suffisamment acide, le dédoublement se fait au bout de quelques minutes au lieu d'être instantané. Du reste, le précipité jaune orangé plus ou moins foncé, suivant l'alcaloïde, peut être confondu avec le produit jaune pâle du dédoublement de l'iodure par l'eau.

Préparé ainsi que je viens de l'indiquer, le réactif laisse déposer, au bout d'un certain temps, une poudre noirâtre qui est facile à reconnaître pour de l'iodure de bismuth; on peut alors décanter la liqueur.

Le précipité alcaloïdique ne paraît pas présenter une composition constante, il semble varier suivant la proportion d'acide qui se trouve dans la liqueur. En effet, si l'on précipite un alcaloïde, par exemple du sulfate de quinine, en ajoutant dans la liqueur seulement autant d'acide qu'il est nécessaire pour empêcher le dédoublement, on obtient un précipité d'un très-beau rouge orangé ; si l'on ajoute un excès d'acide, on voit le précipité pâlir et diminuer de volume. Cet effet est bien plus marqué si l'on soumet ce précipité à un lavage.

Ainsi la nature du précipité varie, et, d'autre part, la composition du réactif change elle-même. Il est donc impossible de songer à se servir de l'iodure double de bismuth et de potassium comme liqueur dosante ; il ne peut être utile que pour constater la présence d'un alcaloïde, en prenant toutefois les précautions indiquées.

Sur le lait de truie.

Le lait de truie a été jusqu'ici peu étudié, et les divers auteurs qui en ont donné des analyses ne mentionnent aucune des difficultés qu'ils ont pu rencontrer lorsqu'il s'est agi de se procurer ce produit.

Pour moi ces difficultés ont été telles, que je n'ai jamais pu obtenir plus de 2 gr. de lait à la fois. Ces difficultés proviennent soit des habitudes de l'animal, soit surtout de son peu de patience et de sa méchanceté ; ce n'est guère que par surprise que j'ai pu lui dérober ces quelques gouttes de lait : la force ne m'a jamais réussi. On peut cependant rencontrer des animaux plus faciles, et, au dire de quelques éleveurs, on en voit qui se laissent traire comme des vaches et abandonnent leur lait sans difficulté.

En raison de la petite quantité de lait dont je pouvais disposer à chaque fois, j'ai dû faire un grand nombre d'essais, et, dans quelques cas, recourir à des artifices particuliers. Ce genre d'analyse offrira du moins l'avantage de représenter avec précision la composition moyenne du lait pendant un temps assez long : mes expériences, en effet, ont duré près d'un mois.

Le lait était recueilli de préférence le matin de six à dix heures, l'animal qui le fournissait allaitait depuis trois semaines environ. Chaque échantillon me servait à doser un seul élément, et cette détermination était répétée plusieurs fois.

Le dosage de l'eau a été effectué par évaporation dans le vide, en présence de l'acide sulfurique, et le résidu incinéré a fait connaître la quantité de matériaux organiques et la quantité de sels.

Le beurre a été déterminé au moyen de l'éther : le résidu de l'évaporation a été fondu et exposé dans le vide avant d'être pesé. La caséine seule a été déterminée par différence ; je n'ai pu la doser directement, à cause de la faible quantité de lait dont je disposais.

Le sucre de lait a été dosé au moyen de la liqueur cupro-potassique, mais en prenant les précautions que je vais indiquer.

J'ai commencé par titrer la liqueur cuivreuse avec une solution de lactose très-étendue et renfermant 1 gr. pour 100. Dans ces conditions, une division de la burette représentait 1 milligramme de glucose ; j'ai pris alors une quantité déterminée de liqueur cupro-potassique, 5 cent. cubes, et après l'avoir portée à l'ébullition, j'y versais d'une seule fois tout le lait que j'avais pu recueillir, et dont je prenais par différence le poids exact. Cette quantité de lait était insuffisante pour décolorer la liqueur ; alors je finissais l'opération au moyen de la solution titrée de glucose, et par différence je connaissais la quantité de la liqueur qui avait été réduite par le sucre de lait de truie. C'est ainsi que j'ai pu faire directement ce dosage qui eut été impossible sans cette précaution.

Le lait de truie offre un aspect particulier ; il est beaucoup plus opaque et d'un blanc plus mat que celui des autres mammifères, et, pour me servir d'une expression vulgaire, il couvre mieux. Si on l'étale sur la paroi interne d'un vase en verre, il y forme une couche très-opaque, et interceptant en grande partie la lumière.

Du 1er au 4 juin, j'ai pu doser tous les éléments constituants, et la comparaison de tous les résultats me permet de donner la moyenne suivante :

Eau.			824,55
Matières solides.	Beurre.	92,34	
	Sucre.	16,93	175,45
	Caséine.	50,93	
	Sels minéraux. . .	15,25	
			1,000,00

Cette analyse diffère notablement de celle qui a été donnée par MM. Becquerel et Vernois (du lait chez la femme dans l'état de santé et de maladie).

Voici leur résultat :

Eau.			854,90
Matières solides.	Beurre.	19,50	
	Caséine (matières extractives).	84,50	145,10
	Sucre.	30,20	
	Sels, par incinération.	10,90	
			1,000,00

Cette différence paraît tenir au moment de la lactation où le lait a été recueilli.

Ainsi, quelques jours plus tard, le 10 juin, j'ai fait de nouvelles déterminations et ai obtenu :

Eau.	837,00
Matières solides.	163,00
Beurre.	59,38

Plus tard encore, le 20 juin, j'ai eu :

Eau.. 857,14
Matières solides. 142,86
Beurre. 43,36
Sels.. 11,68

Cette dernière analyse se rapproche assez de celle faite par MM. Becquerel et Vernois.

J'ai également eu occasion de recueillir l'urine de la même truie. Cette urine est trouble et d'une odeur *sui generis*, fade et désagréable. Au moment même de l'émission, elle est à peine acide, et ne contient qu'une faible quantité d'urée: $8^{gr},25$ par litre. Je n'ai pu doser l'acide urique, tellement la quantité en est faible.

Cette urine est remarquable en ce qu'elle tient pour ainsi dire le milieu pour la composition entre celle des carnivores et celle des herbivores. Elle est, en effet, trouble et très-peu acide, et d'autre part elle contient de l'uré en faible quantité. Ce travail a été fait au laboratoire de l'École d'Alfort.

Sur une prétendue combinaison du camphre et de l'acide phénique.

Sous le nom de *phénol camphré*, M. Buffalini (*Gaz. méd. Ital.-Lomb.*, novembre 1873) indique la préparation suivante :

On dissout dans l'alcool, parties égales d'acide phénique et de camphre, et on laisse reposer. Au bout d'un certain temps, il apparaît à la surface de la solution une couche d'un liquide jaunâtre, huileux, non miscible à l'eau. L'auteur considère comme une combinaison chimique nouvelle ce liquide, qu'on sépare facilement par décantation, et l'appelle phénol camphré. Il est insoluble dans l'eau, soluble dans l'alcool et l'éther. Il jouit, dit-il, des mêmes propriétés thérapeutiques que l'acide phénique, mais est plus facile à manier et moins toxique (*Union pharm.*).

Cet article, qui nous est revenu par les journaux anglais (*London med.*) m'engage à faire connaître quelques essais faits sur le même sujet, et qui m'ont conduit à une conclusion tout opposée.

A la suite d'expériences entreprises dans un autre but, j'avais été conduit à rechercher s'il n'existait pas une combinaison entre le phénol et le camphre, et dans quelles proportions cette combinaison pouvait avoir lieu.

J'ai placé équivalents égaux de camphre en poudre et d'acide phénique cristallisé dans une cornue en verre, afin de soumettre le tout à la distillation. Immédiatement les deux corps se sont liquéfiés avec un abaissement de température considérable. J'ai pu ensuite constater qu'un mélange de camphre et d'acide phénique (5 gr. de chaque) faisait descendre le thermomètre de $+$ 19,5 à $+$ 13. Ce phénomène indiquait déjà qu'il n'y avait pas de combinaison entre les deux corps.

J'ai continué et procédé à la distillation. Le camphre, on le sait, fond à 175 degrés et bout vers 204 ; l'acide phénique fond vers 35 et bout de 187 à 188.

La marche de l'opération a été très-régulière. De 96 à 97 degrés, il a passé quelques gouttes d'un liquide incolore qui était évidemment de l'eau, puis le thermomètre s'est élevé brusquement à 185 degrés, et tout le liquide a distillé de 185 à 188.

Voulant rectifier ce liquide, je l'ai distillé de nouveau, et tout a passé de 196 à 199.

J a obtenu aussi un liquide incolore, visqueux, n'offrant pas une odeur trop désagréable, mais rappelant à la fois celle du camphre et de l'acide phénique.

Dans mes premiers essais, je n'avais pas remarqué l'abaissement de température qui se produit par le mélange des substances et, en voyant la constance du point d'ébullition, j'avais songé à une combinaison.

Voulant connaître si le liquide distillé pouvait cristalliser, je l'ai soumis à l'action d'un mélange réfrigérant. J'ai abaissé sa température jusqu'à — 11, sans rien changer à son état, et je n'ai été frappé que de la mauvaise conductibilité de ce liquide.

Je n'en avais que 45 gr. à ma disposition, et cette faible quantité, exposée à l'air dans un petit ballon à parois minces, a mis 13 minutes pour remonter de — 10 à 0, 15 minutes de 0, à + 5 et 42 minutes de + 5 à + 10, la température extérieure étant de 12 degrés.

Ce liquide n'est pas miscible à l'eau ; il tombe au fond en gouttelettes, comme le fait le chloroforme. Il se mêle en toute proportion à l'alcool et à l'éther.

Si l'on agite fortement une petite quantité de ce liquide avec beaucoup d'eau, cette dernière dissout l'acide phénique et le camphre se sépare. Le même effet se produit, mais plus lentement, si dans un verre plein d'eau on laisse tomber une ou deux gouttes du liquide en question ; on trouve le lendemain un globule de camphre précipité, tout le phénol s'est diffusé dans l'eau.

Cette séparation a lieu instantanément si l'on ajoute à l'eau un peu de potasse ou de soude caustique, qui se combinent avec le phénol.

Exposé à la lumière diffuse, cette prétendue combinaison se comporte comme le phénol, elle prend peu à peu une teinte rose qui se fonce de plus en plus.

Enfin le point d'ébullition n'est réellement pas constant : en effet, dans la première distillation, tout a passé de 185 à 188, et dans la rectification, de 196 à 199. Cette différence indique un changement qui s'opère dans la composition du liquide distillé.

Nous n'avons là aucun des caractères de la combinaison

chimique, et tout au contraire indique une simple dissolution des deux corps l'un dans l'autre.

Le liquide qui en résulte n'offre point de propriétés spéciales ; son action sur la peau est aussi énergique que celle de l'acide phénique pur, et probablement ses effets toxiques sont les mêmes.

Sur l'hippomane.

On désigne sous le nom d'*hippomanes* des corps libres ou pédiculés, de forme variable, ovoïdale ou aplatie, qui flottent dans le liquide allantoïdien ou sont suspendus à la face interne de l'allantoïde de la jument. L'analyse de ces corps connus de toute antiquité n'a pas encore été faite d'une façon complète ; du moins je n'ai pu retrouver un document à ce sujet. Je dois à l'obligeance de M. le professeur Goubaux un très-beau spécimen pesant 47 gr., et c'est sur lui que j'ai fait l'analyse suivante :

L'hippomane présente un aspect analogue au gluten, mais un peu plus foncé ; il est presque aussi élastique que cette substance. L'examen microscopique y montre la présence d'une grande quantité dè sels cristallisés, dont la majeure partie est formée de phosphate ammoniaco-magnésien ; on y voit aussi quelques octaèdres d'oxalate de chaux, mais en petit nombre relativement.

Traitée par l'acide acétique, cette substance donne lieu à un dégagement d'acide carbonique, et l'examen des cendres fait reconnaître l'existence de la chaux. Cette base n'existe donc pas seulement à l'état d'oxalate, mais en grande partie à l'état de carbonate.

J'ai divisé la matière en fragments aussi petits que possible, et j'ai déterminé la perte d'eau en la maintenant dans l'étuve à eau bouillante, jusqu'à ce que le poids ne variât plus. La quantité d'eau ainsi trouvée fut de 79,26 p. 100 ; par différence, j'ai eu le poids des matériaux solides, soit 20,74 p. 100. Par incinération, j'ai pu faire la part des matériaux organiques et minéraux. J'ai reconnu que cette dernière portion était constituée par de la chaux, de la magnésie, de l'acide phosphorique, en plus des traces de fer. Le dosage de ces diverses substances a été fait par des procédés appropriés. J'ai également déterminé au moyen du chloroforme la quantité de matières grasses, dont l'existence avait déjà été signalée.

Voici le résultat de cette analyse :

Eau.	79,260
Matière animale.	10,770
Corps gras.	1,640
Chaux.	3,592
Magnésie.	1,425
Acide phosphorique.	2,530
Ammoniaque ; acides non dosés, pertes.	0,783
	100,000

Il s'agit maintenant de raisonner cette analyse :

La magnésie et l'acide phosphorique existent, comme je l'ai dit, à l'état de phosphate ammoniaco-magnésien ; en le reconstituant au moyen des équivalents, on obtient $8^{gr},73$ de ce sel cristallisé ; il contient alors 12 équivalents d'eau : $2mgO, AzH^4O, PhO^5, 12$ aq.

Par son séjour à l'étuve, il en a perdu 10 équivalents.

Or ces 10 équivalents représentent ici $3^{gr},07$, d'où sur les $79^{gr}26$ d'eau perdue par la substance, il n'y en a que $79^{gr},26 — 3,07$ ou $76,19$ qui appartiennent à la matière organique.

D'autre part, en incinérant la matière desséchée pour avoir le poids des cendres, on a dégagé l'ammoniaque et le reste de l'eau du phosphate ammoniaco-magnésien. Si l'on en tient compte, on trouve qu'il faut ainsi ajouter aux cendres $1^{gr},56$; or, $8^{gr},33 + 1^{gr},56 = 9^{gr},89$.

Si du poids des matériaux solides, 20^{gr},74, nous retranchons ce nouveau chiffre 9^{gr},89, il nous reste seulement 10^{gr},85, d'où il faut retirer encore 1^{gr},64 pour la matière grasse. En somme le poids de la matière animale proprement dite, se trouve réduit à 9^{gr}21.

Voici dès lors l'analyse raisonnée de l'hippomane :

Eau.		76,19
Matière animale.		9,21
Matière grasse.		1,64
Chaux : { Carbonate. / Oxalate. . }		3,59
Phosphate ammoniaco-magnésien. { 2. MgO. 1,425 / PhO⁵. . 2,530 / AzH⁴O.. 0,926 / 12 aq. . 3,844 }		8,73
Pertes, acides non dosés.		0,36
		100,00

La quantité de sels est tellement considérable, que par la dessiccation l'hippomane se couvre d'une sorte d'efflorescence blanche, très-brillante, qui est constituée par des cristaux très-fins et très-nets. (*Bull. Soc. chim.*)

Sur l'urine du chat.

La composition de cette urine étant peu connue, je crois intéressant de faire connaître le résultat des recherches que j'ai faites à ce sujet.

Le chat est un animal qui se prête difficilement aux observations : le premier moyen qui se présente à l'esprit pour recueillir l'urine est l'incarcération de l'animal dans une cage disposée de façon à séparer les excréments solides des liquides ; malheureusement ce moyen est très-défectueux, car en privant l'animal de sa liberté, on change ses conditions normales d'exercice et d'alimentation, et de là une différence dans la composition de l'urine. Il faut de toute nécessité expérimenter sur les animaux en liberté et ayant leur manière habituelle de vivre. Ce n'est qu'en étudiant assez longtemps les habitudes du sujet et en profitant de ces habitudes, qu'on parvient à obtenir de l'urine et surtout qu'on peut l'examiner immédiatement après l'émission ; condition qui offre ici une très grande importance, vu la facilité avec laquelle cette urine s'altère.

L'urine de chat présente une couleur jaune assez foncée, tirant sur le brun ; son odeur, très-forte et désagréable chez le mâle, le devient surtout au moment des amours. Cette odeur est probablement due à un corps volatil, car si l'on vient à distiller cette urine, le produit condensé présente une odeur plus prononcée ; il m'a été impossible de pousser plus loin mes recherches sur ce point, vu la faible quantité d'urine dont je disposais chaque fois.

L'urine recueillie au moment même de l'émission et conservée dans un vase n'ayant jamais servi à cet usage peut se garder quatre ou cinq jours sans altération à l'air libre ; au bout de ce temps, en été, elle se trouble, devient plus foncée et commence à répandre une odeur fétide et ammoniacale. A partir de ce moment, la décomposition marche avec une grande rapidité. Pour observer ce fait, et j'insiste sur ce point, il faut se servir d'un vase parfaitement propre et n'ayant pas contenu d'urine qui s'y serait décomposée ; car alors la fermentation ammcniacale s'établit avec une rapidité telle, qu'en été l'urine devient ammoniacale en quelques minutes, et cela à un tel point, que, à mes premières expériences, je trouvais constamment l'urine ammoniacale au moment de l'examen.

La densité moyenne est de 1053. La détermination directe de tous les matériaux azotés au moyen de l'hypobromite de soude m'a donné une quantité de 87^{gr},50 pour 100 gr. Après avoir enlevé le sous-acétate de plomb, les urates et autres corps précipitables, je n'ai plus trouvé pour l'urée que 82^{gr},50. Différence = 5 grammes.

D'autre part, la détermination directe des urutes, au moyen des procédés connus, m'a conduit à fixer leur quantité à 2^{gr},60. Il resterait donc 2^{gr},40 pour le reste des autres matériaux azotés.

J'ei ensuite recherché directement la quantité d'éléments solides contenus dans 1000 gr. d'urine. Pour cela, 12^{gr},414 ont été évaporés dans le vide, en présence de l'acide sulfurique. Après quatre jours, le poids du résidu ne variait plus et a été trouvé égal à 2^{gr}084, ce qui représente 167^{gr},87 pour 1000.

J'ai dû calciner ce résidu pour connaître la quantité de sels ; mais j'ai été obligé de prendre quelques précautions que je dois signaler. Je n'ai pas poussé trop loin la calcination, de façon à obtenir des cendres blanches ; je me suis arrêté lorsque le résidu a été simplement calciné, et alors j'ai pesé la capsule. J'ai ensuite traité ce charbon à l'ébullition par l'eau aiguisée d'acide azotique, et j'ai répété plusieurs fois ce traitement, de façon à le débarrasser entièrement de ses sels. Je l'ai enfin lavé à l'eau distillée et pesé de nouveau après dessiccation. La différence de poids m'a fait connaître la quantité de sels enlevés par l'eau : elle était de 23^{gr},763. Ainsi, sur 167^{gr},87 de matériaux solides, il y a 23^{gr},73 de sels.

Il reste donc 144^{gr},107 pour les éléments organiques, desquels il faut déduire 87^{gr},50 pour les substances azotées.

Il reste alors 56^{gr},607 pour une matière indéterminée que j'ai en vain cherché à caractériser. J'avais d'abord songé à du glucose, mais l'essai m'a fait voir que je m'étais trompé. Cette différence de 56^{gr},607 que l'on trouve ainsi entre le poids total et déterminé en bloc de tous les éléments solides et ce même poids obtenu en dosant séparément chaque corps, existe-t-elle réellement, ou bien est-ce une erreur d'analyse ? Je le croirais volontiers ; cependant j'ai plusieurs fois répété l'essai, et chaque fois j'ai observé une différence du même ordre.

J'ai déterminé la quantité de phosphates et de chlorures en me servant de la solution azotique dont j'ai parlé. Il y a 5^{gr},968 de chlore et 7^{gr},499 d'acide phosphorique. L'acide sulfurique existe, mais en quantité trop faible pour être dosée. Il reste donc 10^{gr},296 pour les bases combinées à ces acides.

Comme vérification, j'ai évaporé à siccité une certaine quantité de la solution azotique et j'ai trouvé un poids de sels correspondant à celui obtenu par différence.

Voici en résumé l'analyse détaillée :

Densité. . . . . . 1053.

Eau. 832,130

Matériaux solides 167^{s},870	organiques. . 144^{s},107	Urée.	82,50
		Urates..	2,60
		Matière azotée indéterminée.	2,40
	inorganiques 23,763	Matière indéterminée, non azotée. .	56,607 ?
		Acide chlorydrique.	5,968
		— phosphorique.	7,499
		— sulfurique. . .	traces
		Chaux, magnésie, potasse et soude.. . .	10,296

1000^{s},000

Si l'on admet l'erreur d'analyse,

On aurait pour l'eau. . . . . . . 888^{s},237

Pour matériaux organiques. . . . 88,000

— minéraux. 23,763

L analyse détaillée reste la même.

Sur un mode de l'administration de la viande crue.

La viande crue, dont l'usage est maintenant si répandu, se trouve toujours être, sous quelque forme qu'on la présente au malade, un médicament assez répugnant. Je ferai d'abord remarquer que la forme solide est loin d'être la plus avantageuse, et pour les jeunes enfants et les convalescents qui peuvent seulement absorber les liquides. Ce mode d'administration est tout à fait impraticable. J'ai pu longtemps être témoin de ces faits dans le service de mon chef, M. le professeur Lorain, et c'est grâce à ses conseils que j'ai entrepris les recherches dont je présente aujourd'hui les résultats.

Voici le *modus faciendi* auquel je me suis arrêté : il permet d'obtenir un produit que l'on peut à volonté administrer sous la forme solide ou liquide ; on prend :

Viande crue (filet) . . . . 250 grammes.
Amandes douces mondées . . . . 75 —
— amères. . . . . 5 —
Sucre blanc . . . . 80 —

On monde d'abord les amandes et on les pile avec la viande et le sucre dans un mortier de marbre, de façon à obtenir une pâte homogène. Pour avoir un produit d'un aspect plus agréable et retenir en même temps les quelques fibres qui auraient échappé à l'action du pilon, on peut pulper cette pâte. L'opération se fait simplement au moyen d'un tamis métallique étamé et d'un pilon en bois. La pâte ainsi obtenue présente une couleur rosée et offre une saveur très-agréable ne rappelant en rien la viande crue. Elle peut se conserver sans altération pendant un temps assez considérable, même en été, pourvu qu'on la tienne dans un endroit froid et sec.

Si l'on veut donner à la préparation la forme liquide, il suffit de délayer une certaine quantité de pâte avec de l'eau, et prenant les mêmes précautions que pour la préparation d'un looch au moyen de la pâte amygdaline. On obtient ainsi une émulsion d'un blanc rosé, dont l'odeur et la saveur sont celles du looch. La quantité d'eau à ajouter n'a pas besoin d'être fixée ; elle varie suivant le degré de liquidité qu'on veut donner au mélange.

On peut aussi préparer directement l'émulsion sans passer par l'intermédiaire de la pâte. On prend :

Viande crue	50 grammes.
Amandes douces mondées.	159 —
— amères	1 —
Sucre blanc	16 —

On pile dans un mortier de marbre la viande, le sucre et les amandes, comme précédemment, et l'on ajoute peu à peu la quantité d'eau jugée nécessaire. On passe dans une étamine, et l'on presse de façon à séparer ainsi les fibres non divisées. Cette préparation, en tout semblable à celle du looch du Codex, ne demande pas plus de temps à exécuter.

Quel que soit le mode adopté pour la préparer, l'émulsion se maintient au moins vingt-quatre heures, et quand elle se sépare au bout de ce temps, une légère agitation suffit pour rétablir la suspension.

Dans le but de rendre la préparation plus nourrissante, on peut ajouter à la pâte un ou plusieurs jaunes d'œufs avant de la délayer, ou employer du lait pour faire l'émulsion.

Sous quel état la viande se trouve-t-elle dans ce mélange ? Cette question, sans intérêt au point de vue pratique, peut être plus intéressante au point de vue chimique. L'émulsine des amandes, en quantité plus que suffisante pour émulsionner leur huile, agit-elle sur la matière grasse de la viande; ou bien celle-ci est-elle simplement divisée à la faveur des amandes?

Cette préparation que j'ai indiquée en juin 1872, a déjà rendu quelques services, et c'est cette considération qui me décide à publier aujourd'hui la formule.

Librairie de P. ASSELIN, place de l'École de Médecine.

TRAITÉ
DE THÉRAPEUTIQUE
ET DE MATIÈRE MÉDICALE

PAR MM.

A. TROUSSEAU

ET

H. PIDOUX

Professeur de thérapeutique à la Faculté
de médecine de Paris,
médecin de l'Hôtel-Dieu, membre de l'Académie
de médecine,

Membre de l'Académie de médecine, médecin
honoraire des hôpitaux, médecin-inspecteur des
Eaux-Bonnes.

Neuvième édition, revue, corrigée et augmentée, avec la collaboration de
Constantin PAUL,

Professeur agrégé à la Faculté de médecine de Paris, médecin de l'hôpital St-Antoine, secrétaire général
de la Société de thérapeutique.

2 forts volumes grand in-8° de 1,100 pages chacun, cartonnés à l'anglaise, 1875.

Prix . . . . 27 fr.

La *neuvième édition* du *Traité de matière médicale et de Thérapeutique* que nous publions aujourd'hui a été *entièrement refondue*. La matière médicale a été revue dans sa totalité; toutes les découvertes récentes sur les *principes actifs des médicaments* et notamment sur les *alcaloïdes végétaux* y ont été consignées. Nous avons pris soin de faire connaître également toutes les expériences qui ont été faites en vue de déterminer soit l'*action physiologique* des agents de la matière médicale, soit le *mécanisme* de leur action.

Parmi les médicaments qui ont été l'objet d'études plus complètes, nous citerons parmi les analeptiques, la *diastase* ou *malline* et la *pancréatine*. Parmi les astringents, le *tannate de quinine*, le *s. n. de bismuth*, l'*acide phénique* et les *acidules*. La classe des altérants a été complétement refondue. On y trouvera toutes les acquisitions récentes de la thérapeutique sur le *mercure administré par la voie sous-cutanée*, l'*iodoforme*, l'*huile de foie de morue*, l'*arsenic*, les *extraits de viande*, la *diète lactée*, les *cures de petit-lait et de raisin*, l'*eau de chaux*, le *saccharate de chaux*, le *phosphate de chaux*, la *lithine*, le *chlorhydrate d'ammoniaque*, le *chlorure de sodium* et les *bains de mer*. La classe des irritants contient des chapitres entièrement neufs sur la *cautérisation par les acides*, la *galvanocaustique thermique et chimique*, le *cantharidate de potasse* et les *injections sous-cutanées irritantes*. Dans la classe des évacuants, nous avons ajouté l'histoire de l'*apomorphine*, de l'*apocodéine*, du *fontainea pancheri*, de l'*huile de Bankoul* et du *podophyllin*. Dans la classe des excitateurs, nous avons refait complétement l'histoire de l'*électricité* appliquée sous toutes ses formes : *faradisation, galvanisation, courants continus, bains électriques*, etc. La classe des stupéfiants renferme de nouvelles indications très-précises sur le *dosage et l'administration des injections sous-cutanées*, le *croton chloral*, l'*aconitine cristallisée*, la *ciguë* et ses *dérivés*. Parmi les excitants, il faut citer les médicaments nouveaux : *eucalyptus, boldo, jaborandi*; et parmi les contro-stimulants : la *digitaline cristallisée*. Enfin, nous avons mis au courant de la science les articles *hydrothérapie, parasiticides, antiseptiques, antizymotiques*. Notons, en outre, que ce livre renferme tous les détails nécessaires sur le mode d'emploi des médicaments et leurs différentes préparations pharmaceutiques, ainsi que sur les *eaux minérales*. Une double table alphabétique, classée par maladies et par médicaments, permet au praticien de connaître immédiatement toutes les ressources que lui offre la *thérapeutique* dans chaque maladie.

PARIS. — IMP. VICTOR GOUPY, RUE GARANCIÈRE, 5.